Gotthilf Hagen

Grundzüge der
Wahrscheinlichkeits-Rechnung

bremen
university
press

Gotthilf Hagen

Grundzüge der Wahrscheinlichkeits-Rechnung

ISBN/EAN: 9783955621926

Auflage: 1

Erscheinungsjahr: 2013

Erscheinungsort: Bremen, Deutschland

@ Bremen-university-press in Access Verlag GmbH, Fahrenheitstr. 1, 28359 Bremen. Alle Rechte beim Verlag und bei den jeweiligen Lizenzgebern.

bremen
university
press

Grundzüge

der

Wahrscheinlichkeits - Rechnung.

Von

G. Hagen.

Zweite umgearbeitete Ausgabe.

Mit eingedruckten Holzschnitten.

Berlin.

Verlag von Ernst & Korn

(Gropius'sche Buch- und Kunsthandlung).

1867.

Vorwort.

In der Astronomie und einigen Theilen der Physik hat die Anwendung der Wahrscheinlichkeits-Rechnung seit etwa fünfzig Jahren zu einer vorher ungeahnten Schärfe in der Bestimmung der Constanten, so wie auch zu andern wichtigen Entdeckungen geführt. Diese Rechnungs-Art dient nicht nur zur Auffindung der wahrscheinlichsten Resultate aus einer gröfsern Anzahl von Beobachtungen, sondern sie läfst auch die gewonnene Sicherheit richtig beurtheilen. Sie beseitigt daher jede Willkühr und lehrt die Zuverlässigkeit jedes Schrittes würdigen. In andern Wissenschaften hat man von ihr nur ausnahmsweise Gebrauch gemacht, und in diesen werden nicht selten noch gegenwärtig Gesetze aufgestellt, die weder in sich begründet, noch durch die Erfahrung hinreichend bestätigt sind.

Nachdem ich mehrere Jahre hindurch mich mit Astronomie beschäftigt hatte und darauf zum Studium der Baukunst überging, überraschte mich der grofse Unterschied in der Begründung beider Wissenschaften. Einzelne, und zwar oft sehr unsichere Wahrnehmungen genügten zuweilen hier schon zur Herleitung allgemeiner Gesetze. Eben so verhielt es sich auch mit den Theorien, welche diese Gesetze bestätigen sollten. Oberflächliche Betrachtungen, die unter gewissen zweifelhaften Voraussetzungen den Zusammenhang der Erscheinungen ungefähr errathen liefsen, vertraten vielfach die Stelle vollgültiger Beweise.

In neuerer Zeit sind zwar verschiedentlich die mechanischen Verhältnisse mit wissenschaftlicher Schärfe aufgefafst und in Rechnung gestellt, doch vermifst man dabei noch immer die methodische Benutzung der Beobachtungen. Ganz allgemein begnügt man sich mit Mittelwerthen und läfst die Abweichungen der einzelnen Messungen unbeachtet, die doch

allein zur Beurtheilung der Sicherheit der Resultate dienen
können. Diese Mittelwerthe verwechselt man aber mit den
äufsersten Grenzen und nennt eine Construction sicher, wenn
man nach den zum Grunde liegenden Erfahrungen mit gleicher
Wahrscheinlichkeit ihren Einsturz und ihre Haltbarkeit erwarten kann. Eine solche Sicherheit genügt augenscheinlich nicht,
woher man willkührlich gewisse Vielfache derselben den Ent-
würfen zum Grunde legt. In allen sonstigen Lebens-Ver-
hältnissen ist die Sicherheit das Aeufserste, was man erstrebt,
und nur selten erreicht man sie wirklich. Für mehrfache
Sicherheit zu sorgen ist zwecklose Verschwendung der
Mittel. Ueberraschend ist es daher, dafs die Behörden und
Gesellschaften, welche Bauten ausführen lassen, die Kosten
dafür bewilligen, wenn in den Anschlägen von zehn- und
zwanzigfacher Sicherheit die Rede ist, also zugestanden wird,
dafs nahe in gleichem Verhältnisse die Bausummen über das
Bedürfnifs hinaus gesteigert sind. Wenn der Schneider sagt,
dafs er zu einem Rocke drei Ellen Tuch braucht, so denkt
niemand daran, der gröfsern Sicherheit wegen ihm dreifsig
oder sechzig Ellen zu geben.

Diese eigenthümliche Auffassung ist indessen keineswegs
ein an sich unschädlicher Irrthum, sie hat vielmehr jene Willkühr in der Veränderung der Mittelwerthe zur Folge. Wenn
man auch vermuthen darf, dafs für vielfach benutzte Bau-
Materialien und Constructions-Arten sich bereits passende
Regeln durch die Erfahrung herausgestellt haben, so ist doch
die unmittelbare Uebertragung derselben auf andre Fälle durchaus ungerechtfertigt und man mufs dabei besorgen, dafs man
entweder die Haltbarkeit beeinträchtigt, oder den Bau un-
nöthiger Weise vertheuert.

Unter diesen Umständen wünschte ich meine Fachgenos-
sen aufs Neue an die Benutzung der Wahrscheinlichkeits-
Rechnung zu erinnern. Hierzu bot sich die Gelegenheit, indem die Herren Ernst und Korn, in deren Verlag so viele
und so wichtige Werke der Architektur und der Ingenieur-
Wissenschaften erschienen sind, sich bereit erklärten, die noch
vorhandenen Exemplare der ersten Ausgabe dieser Grundzüge
dem früheren Verleger abzukaufen und zu vernichten, und
die Herausgabe der vorliegenden Umarbeitung zu übernehmen.

Als jene erste Ausgabe vor dreifsig Jahren veröffentlicht wurde, warnte mich mein berühmter Lehrer und väterlicher Freund Bessel vor der Erwartung baldiger Erfolge. Zehn Jahre werden vergehn, schrieb er mir, bevor Ihre Absicht gefafst wird, und die folgenden zehn Jahre hindurch werden Ihre Leser sich noch besinnen, ob sie davon Gebrauch machen sollen.

Der erste Theil dieses Ausspruches hat sich vollständig bestätigt, und der zweite noch um so mehr, als die Wahrscheinlichkeits-Rechnung bis jetzt in den Hülfswissenschaften der Baukunst überaus selten Anwendung gefunden hat. Zum Theil mögen die Zeitverhältnisse die Verzögerung veranlafst haben. Das Jahr 1848 brachte mit dem politischen Umschwunge auch die sogenannten praktischen Auffassungen zu einer überwiegenden Geltung. Wie der sinnreiche Junker von La Mancha es für gerathener hielt, an die Festigkeit seines verbesserten Helmes zu glauben, als ihn einer Probe zu unterwerfen, die er wahrscheinlich nicht bestanden hätte, so ist es viel bequemer und für die nächsten Zwecke viel förderlicher, aus einzelnen Erfahrungen allgemein gültige Regeln abzuleiten, als unbefangen und sorgsam diese Wahrnehmungen zu prüfen und zu untersuchen, zu welchen Schlüssen sie wirklich berechtigen.

Andrer Seits scheint aber auch manche Unklarheit in der Fassung der ersten Ausgabe der Benutzung des Buches störend entgegen getreten zu sein. Der Weg, den ich zur Herleitung des von Gaufs aufgestellten Gesetzes in Betreff der Wahrscheinlichkeit der verschiedenen Fehler gewählt hatte, war ohne Zweifel naturgemäfs und einfach, so wie auch richtig, wenn die dabei eingeführten Voraussetzungen als gültig angesehn werden dürfen. Die Wahrscheinlichkeit des Vorkommens der Fehler von verschiedener Gröfse wird in der That durch die Glieder des zur Potenz unendlich erhobenen Binomiums $1+1$ dargestellt, wenn die Abstände dieser Glieder von dem mittleren, der Gröfse der Fehler proportional sind. Die Uebereinstimmung stellt sich auch schon sehr nahe ein, wenn dieses Binomium nur zu irgend einer hohen, also etwa zur fünfzigsten Potenz erhoben wird. Trägt man diese Glieder als Ordinaten auf und eben so auch die nach

der Formel von Gauſs berechneten Wahrscheinlichkeiten der
um entsprechende Gröſsen verschiedenen Fehler, so fallen
beide Curven so nahe zusammen, daſs man keine weitere Abweichungen bemerken kann, als daſs in der ersteren die sehr
groſsen Fehler, deren Wahrscheinlichkeit verschwindend klein
ist, nicht mehr ausgedrückt sind. Für die in der Wirklichkeit vorkommenden Fehler würde daher das Gesetz schon
mit genügender Schärfe sich dargestellt haben, wenn ich die
Voraussetzung der unendlich vielen Fehler-Ursachen, die eben
Bedenken erregt hat, nicht gemacht hätte. Diese Voraussetzung war aber die allgemeinste, die gewählt werden konnte,
und irgend eine bestimmte Zahl lieſs sich mit einigem Grunde
dafür nicht einführen.

Ich habe hiernach keinen Anstand genommen, dieselbe
Herleitung des Hauptsatzes beizubehalten, doch bin ich bemüht gewesen, diejenigen Schwierigkeiten zu beseitigen, die,
wie mir bekannt, zuweilen Anstoſs erregt haben. Auch in
der Entwickelung der übrigen Gesetze sind vielfache Aenderungen eingeführt, während die Beispiele zur Erläuterung der
Anwendung zum Theil durch andre ersetzt und Tabellen zur
Erleichterung der Rechnung beigefügt sind. In dieser Weise
ist beinahe das ganze Werk umgearbeitet. Nur der letzte
Abschnitt, der vom Nivelliren handelt und der auch heutiges
Tages noch vielfache Berücksichtigung verdienen dürfte, ist
wesentlich ungeändert geblieben.

Am 1. Juni 1867.

G. Hagen.

Inhalts-Verzeichniss.

X

Seite

I. Abschnitt.

Hauptsätze der Wahrscheinlichkeits-Rechnung.

§ 1.

„Gäbe es einen Verstand, sagt Laplace, der alle Kräfte kennt, welche in einem gewissen Zeitpunkte die Natur beleben, so wie alle gegenseitigen Beziehungen der Wesen in ihr, und wäre derselbe fähig, diese gegebenen Gröfsen in Rechnung zu stellen, so würde er die Bewegung der Himmelskörper, wie die der leichtesten Staubflöckchen in demselben analytischen Ausdrucke umfassen. Für ihn wäre nichts ungewifs, Vergangenheit und Zukunft ständen klar vor seinen Augen! In der Entwicklung der Astronomie hat der menschliche Geist sich zu einem schwachen Abbilde dieses Verstandes erhoben."

Doch nicht nur die leblose Natur, sondern auch die belebte, und selbst die denkenden Wesen in ihr folgen nur bestimmten Kräften. Jeder Entschlufs und jede That wird durch gewisse innere oder äufsere Eindrücke veranlafst. Die Geschicke der Völker, wie der Einzelnen, sind die nothwendige Folge vorangegangener Begebenheiten und Auffassungen.

In der eigentlichen Bedeutung des Wortes giebt es sonach keinen Zufall. Wird jedoch ein Ereignifs durch Ursachen herbeigeführt, die uns entweder ganz unbekannt sind, oder deren Zusammenhang und Wirksamkeit wir nicht so vollständig zu fassen und zu verfolgen vermögen, dafs wir ihr Resultat, oder eben jenes Ereignifs vorher bestimmen können, so ist es für uns eben so räthselhaft, als wenn es vom Zufall abhinge, und wir nennen es zufällig.

Werfen wir einen Würfel auf, so wird die Lage, die er annimmt, oder die Seite, die nach oben gerichtet bleibt, allein durch den Stofs bedingt, den wir ihm ertheilen. Wären wir im Stande, das Maafs

1

dieses Stoßes mit Rücksicht auf das Auffallen auf den Tisch genau zu berechnen, und könnten wir die Bewegung unserer Hand eben so scharf abmessen, so würde es keine Schwierigkeit haben, jede beliebige Seite des Würfels erscheinen zu lassen. Beides ist aber nicht möglich, denn theils sind die mechanischen Verhältnisse zu verwickelt, als daß wir sie leicht verfolgen könnten, theils aber läßt sich der Schwung und die Richtung, die wir dem Würfel ertheilen, nicht genau genug abmessen. Die geringste Vermehrung der Kraft, die unserm Gefühle schon entgeht, verändert wesentlich die Verhältnisse und veranlaßt ein ganz anderes Resultat. Wir führen in diesem Falle selbst das Ereigniß herbei, ohne es nach unserm Willen zu lenken oder die Art seines Eintreffens vorher zu sehn. Es ist daher für uns zufällig.

Wird der Würfel nur einmal aufgeworfen, so kann man keine der sechs Seiten desselben mit größerer Wahrscheinlichkeit, als eine andre erwarten. Benutzt man dagegen zwei Würfel, so sind zwar wieder bei jedem derselben die sechs Seiten in gleichem Grade wahrscheinlich, und da bei jeder Lage des ersten Würfels der zweite sechs verschiedene Lagen annehmen kann, so entstehn daraus sechs und dreißig gleich mögliche Fälle. Berücksichtigt man aber nur die Summe der Augen der auf beiden nach oben gekehrten Seiten, so vermindert sich die Anzahl der verschiedenen Fälle auf eilf. Die Summe kann nämlich betragen 2, 3, 4, 5, 6, 7, 8, 9, 10, 11 oder 12. Diese Fälle sind aber keineswegs gleich wahrscheinlich, denn von jenen sechs und dreißig Lagen giebt

eine	2	Augen
zwei	3	-
drei	4	-
vier	5	-
fünf	6	-
sechs	7	-
fünf	8	-
vier	9	-
drei	10	-
zwei	11	-
und eine	12	-

der wahrscheinlichste Wurf ist demnach sieben, und die unwahrscheinlichsten sind zwei und zwölf. In den Kinderspielen pflegt diese Verschiedenheit auch berücksichtigt zu werden, indem für die beiden letzten Würfe die gröfsten Gewinne, für den ersten dagegen kleine Verluste ausgesetzt sind.

Aehnliche Resultate ergeben sich, wenn man eine gröfsere Anzahl von Würfeln benutzt. Der wahrscheinlichste Wurf ist immer das Product aus der Zahl der Würfel in die Durchschnittszahl der Augen auf den sämmtlichen Seiten eines Würfels. Der gewöhnliche Spielwürfel hat sechs Seiten, worauf 1 bis 6, also zusammen 21 Augen sich befinden. Die Durchschnittszahl der letzteren beträgt $3\frac{1}{2}$, also der wahrscheinlichste Werth der Summen der geworfenen Augen ist bei zwei Würfeln gleich 7, bei vier gleich 14 u. s. w.

. Untersucht man ferner, wie viele unter den gleich wahrscheinlichen Fällen eine Anzahl von Augen darstellen, welche sich nur wenig von diesem wahrscheinlichsten Wurfe entfernen, so gelangt man noch zu einem andern wichtigen Resultate. Die als zulässig angenommene Abweichung sei beispielsweise dem siebenten Theile des wahrscheinlichsten Werthes gleich, alsdann giebt es bei einem Würfel nur zwei Würfe, nämlich 3 und 4, in denen diese Grenze nicht überschritten wird. Die Zahl der günstigen Fälle ist also gleich dem dritten Theile oder 0,333 der sechs möglichen Fälle. Bei zwei Würfeln sind 6, 7 und 8 diejenigen Würfe, die nicht mehr, als um den siebenten Theil von der Mittelzahl oder von 7 abweichen. Die Anzahl der sämmtlichen Combinationen beträgt aber 6.6 = 36, und davon geben, wie man sich leicht überzeugen kann, 16 jene drei Zahlen. Das Verhältnifs der günstigen Würfe stellt sich also nunmehr auf 16:36 oder es ist 0,444. Bei drei Würfeln wird dieses unter Beibehaltung derselben Grenze 104:216 oder 0,482, bei vier Würfeln 676:1296 oder 0,522 u. s. w.

Es ergiebt sich hieraus, dafs schon bei einem Wurfe mit vier Würfeln, oder was dasselbe ist, beim viermaligen Aufwerfen eines Würfels, der gröfste Theil der gleich möglichen Fälle Resultate giebt, die von dem mittleren, oder dem wahrscheinlichsten Werthe sich nicht weiter, als um den siebenten Theil entfernen. Bei einer noch gröfseren Anzahl von Würfen wird man sich diesem Werthe noch mehr nähern, und so vermindert sich bei öfterer Wiederholung der Einflufs des einzelnen zufälligen Wurfes, und das Resultat stellt in zunehmender Schärfe den mittleren Werth dar.

Der Begriff des Wettens erläutert sehr anschaulich diese Verhältnisse. Zu einer richtigen Wette gehört aber, dafs die Gröfsen des Gewinnes und Verlustes im umgekehrten Verhältnifs der Wahrscheinlichkeit des Gewinnes zu der des Verlustes stehn. Wettet man z. B., daſs beim einmaligen Aufwerfen zweier Würfel zwei gleiche Zahlen erscheinen werden, so führen unter den 36 gleich möglichen Fällen sechs dieses Ereigniſs herbei, während es in den übrigen dreiſsig nicht eintritt. Die Wahrscheinlichkeit des Gewinnes verhält sich also zu der des Verlustes wie 1 zu 5, oder der Gewinn muſs das Fünffache des Verlustes betragen.

§ 2.

Die Fehler der Messungen und Beobachtungen sind, wie im Folgenden ausführlich nachgewiesen werden wird, zufällige Erscheinungen. Sie treten bei jeder Wiederholung auf's Neue ein, und wenn man auch ihre wahre Gröſse gewöhnlich nicht kennt, so kann man doch aus den Abweichungen bei mehrfacher Ausführung derselben Messung auf die Gröſse der Fehler schlieſsen, und hieraus erkennen, ob das Resultat als hinreichend sicher angesehn werden darf oder nicht. Diese Wiederholungen haben aber auch noch einen andern Zweck, sie dienen nämlich zur Berichtigung des Resultates. Letzteres setzt sich zusammen aus dem wahren Werthe der gesuchten Gröſse und aus dem jedesmaligen Beobachtungsfehler, der eben so gut positiv, wie negativ sein kann. Dieser Fehler tritt, so lange er wirklich zufällig ist, und nicht etwa constante Ursachen das Resultat immer in demselben Sinne entstellen, ganz verschieden auf. Wie beim fortgesetzten Würfelspiele der wahre mittlere Werth immer schärfer sich zu erkennen giebt, so verliert auch bei fortgesetzter Wiederholung der Messung der zufällige Fehler der einzelnen Ablesung immer mehr seinen Einfluſs auf das Resultat, und letzteres stellt sich mit immer gröſserer Genauigkeit dar.

Solche vielfachen Wiederholungen oder Repetitionen sind indessen, vom Zeitverluste absehn, schon in sofern bedenklich, als im Allgemeinen die Aufmerksamkeit sich dabei schwächt, und sonach eine oder zwei Messungen leicht ein besseres Resultat geben, als wenn man deren 10 oder 20 anstellt. Demnächst treten dabei auch wohl constante Fehler ein, die sich aus der Vergleichung der gefundenen Werthe nicht erkennen lassen, also Veranlassung eben, diesem Resultate einen höhern Grad von Genauigkeit beizulegen, als es wirklich hat.

Vorzugsweise muſs der Täuschungen gedacht werden, die in gewissem Grade schwer zu vermeiden sind, selbst wenn man alle Ablesungen selbst macht und alle Theile der Operation sorgfältig

überwacht. Vor groben Täuschungen kann man sich bei einiger Aufmerksamkeit zwar hüten, aber in der Nähe der Grenze des deutlichen
Sehns treten leicht Selbsttäuschungen ein, die bei jeder unmittelbar
darauf wiederholten Messung in gleichem Sinne sich wiedereinstellen.
Es mag hierbei auf eine Erfahrung hingewiesen werden, die wahrscheinlich jeder Leser mehrfach gemacht hat. In einiger Entfernung
bemerkt man eine Inschrift, man erkennt deutlich die einzelnen Zeilen, auch die Trennung der Worte, und selbst einige Buchstaben sind
kenntlich, das Ganze kann man aber nicht lesen, weil bei dem zu
weiten Abstande die Buchstaben noch in einander fliefsen. Wenn
alsdann jemand uns die Inschrift nennt, oder wir dieselbe errathen,
so wird sie plötzlich vollkommen deutlich, und wir sind verwundert,
dafs wir sie früher nicht lesen konnten. Im Geiste gestaltet sich
ein Bild der Schrift, dieses legen wir über den noch unklaren sicht-
baren Gegenstand, und letzterer nimmt sogleich die Formen des ersteren an. Obwohl wir aber nunmehr ganz sicher zu sein glauben,
so ist dieses doch keineswegs immer der Fall, und oft bemerken wir,
indem wir näher treten, wie sehr wir geirrt haben. Das geistige Bild
ist wegen seiner Vollständigkeit und Klarheit so vorherrschend, dafs
wir die Abweichungen des wirklichen Bildes nicht gewahr werden.
In dieser Weise gestaltet sich auch leicht eine Erscheinung anders,
als sie wirklich ist, sobald wir vorher schon ein Urtheil darüber uns
gebildet haben, oder wir eine gewisse Form oder ein gewisses Maafs
erwarten.

Täuschungen dieser Art bleiben indessen immer innerhalb gewisser beschränkter Grenzen, und vor groben Irrungen kann man
sich durch Aufmerksamkeit und Uebung leicht hinreichend sichern.
Jedenfalls ist es aber nothwendig, das ganze Verfahren der Messung,
so wie auch die dabei benutzten Instrumente und Apparate einer
sorgfältigen Prüfung zu unterwerfen, und sich dadurch zu überzeugen, welchen Einflufs die noch bleibenden unvermeidlichen Fehler
auf das Resultat haben können.

Dieser Vorsicht ohnerachtet erreicht man dennoch niemals die
absolute Sicherheit, dafs der Fehler nicht vielleicht in einzelnen Fällen die erlaubte Grenze überschreitet und sogar sehr grofs wird.
Im Folgenden wird gezeigt werden, wie man aus gewissen Proben
die Wahrscheinlichkeit für das Innehalten gegebener Fehlergrenzen
berechnen kann, oder um wieder den Begriff des Wettens einzuführen, wieviel man gegen Eins wetten darf, dafs diese Grenzen nicht
überschritten werden. Bei gehöriger Aufmerksamkeit und wenn die

äußern Verhältnisse nicht gar zu ungünstig sind, wird bei gewöhnlichen Aufnahmen eine Wette von 1 gegen 999 sich wohl rechtfertigen, oder der Feldmesser hat zu erwarten, daß er bei 1000 Messungen, die er ausführt, nur einmal einen unerlaubten Fehler begeht.
Genügt ihm dieses nicht, so kann er durch größere Sorgfalt und
durch Benutzung besserer Instrumente einen höhern Grad von Genauigkeit erreichen und sich dadurch vollständiger sichern. Die
Wahrscheinlichkeit, daß in 10000 Fällen nur einmal ein Ereigniß
nicht eintritt (also in diesem Beispiele, daß die vorschriftsmäßige
Schärfe der Messung nicht erreicht wird) betrachtet man im gewöhnlichen Leben schon als volle Sicherheit.

Wenn es befremden sollte, daß die volle Sicherheit stets uner-
reichbar bleibt, so muß darauf hingewiesen werden, wie die Wahrscheinlichkeit sehr ungewöhnlicher Ereignisse so geringe werden kann,
daß das Eintreten derselben nicht in Billionen von Jahren (§ 13)
zu erwarten steht, obwohl es an sich immer möglich bleibt. In dieser Beziehung ist anzunehmen, daß noch niemals große Fehler ohne
Verschulden des Beobachters eingetreten sind, und es rechtfertigt
sich vollständig, für solche denjenigen verantwortlich zu machen, der
eine Messung ausführt. Geschähe dieses nicht, so würde jede Nach-
lässigkeit durch das zufällige Anwachsen der Fehler entschuldigt
werden.

§ 3.

Es ergiebt sich schon aus Vorstehendem, wie mannigfaltig die
Anwendungen der Wahrscheinlichkeits-Rechnung sind. Für den
vorliegenden Zweck kommt es zwar nur darauf an, diejenigen Methoden zu entwickeln, welche bei Beobachtungen und Messungen zu
den zuverlässigsten Resultaten führen, und zugleich die Sicherheit
der letzteren richtig beurtheilen lassen. Bei der großen Wichtigkeit
des Gegenstandes und seiner innigen Beziehung zu allen Verhältnissen
des Lebens wird es sich indessen rechtfertigen, wenn die zehn Haupt-
sätze dieser Rechnungsart, welche L a p l a c e aufgestellt hat*), hier vollständig mitgetheilt werden. In ihnen finden, wie der Verfasser sagt,
die ewigen Gesetze der Vernunft und Wahrheit ihre Begründung.

Diesen Sätzen sind nachstehend einige Erläuterungen, so wie
auch die nöthigen analytischen Entwickelungen beigefügt.

---

*) Essai philosophique sur les probabilités.

I. Die Wahrscheinlichkeit eines Ereignisses ist das Verhältnifs der Anzahl der Fälle, die dasselbe herbeiführen, zur Anzahl aller möglichen Fälle.

Der Ausdruck Wahrscheinlichkeit hat hier eine sehr bestimmte und ganz andere Bedeutung, als in der gewöhnlichen Sprache. So würde man z. B. nicht sagen, dafs es wahrscheinlich sei, beim einmaligen Aufwerfen eines Würfels ein Ass zu treffen, nach vorstehender Erklärung giebt es aber dafür eine bestimmte Wahrscheinlichkeit, und zwar ist dieselbe $\frac{1}{6}$, weil es sechs gleich wahrscheinliche Fälle giebt, von denen einer dieses Ereignifs herbeiführt. Die Wahrscheinlichkeit, nicht Ass zu werfen, ist gleich $\frac{5}{6}$. Die Summe Beider ist die Gewifsheit, dafs entweder das Eine oder das Andre eintreten wird. Nach der eingeführten Bezeichnung ist die Gewifsheit immer gleich Eins.

II. Der vorstehende Satz gilt nur, wenn alle verschiedenen Fälle gleich möglich sind. Findet dieses nicht statt, so mufs man die Möglichkeit ihres Eintreffens näher untersuchen, was häufig nicht leicht ist. Die Wahrscheinlichkeit des erwarteten Ereignisses ist alsdann gleich der Summe aller dieser günstigen Möglichkeiten, die in gleicher Weise wie die Wahrscheinlichkeiten gemessen werden, also stets ächte Brüche sind.

Ein Beispiel wird dieses erläutern. Man wirft eine flache Münze auf, deren Seiten mit Bild und Schrift bezeichnet werden. Es fragt sich, wie grofs die Wahrscheinlichkeit ist, in zwei Würfen wenigstens einmal Bild zu werfen. Es giebt alsdann vier gleich mögliche Fälle, nämlich

1. Bild im ersten und im zweiten Wurf,
2. Bild im ersten und Schrift im zweiten,
3. Schrift im ersten und Bild im zweiten, und
4. Schrift in beiden Würfen.

Die drei ersten führen das erwartete Ereignifs herbei, daher ist nach dem früheren Satze die Wahrscheinlichkeit desselben gleich $\frac{3}{4}$, oder man kann 3 gegen 1 darauf wetten, dafs es eintreten wird.

Der zweite Satz läfst sich gleichfalls hierauf anwenden, man kann nämlich auch drei verschiedene Fälle unterscheiden:

1. Bild im ersten Wurf, wobei die Wette schon gewonnen und das Spiel beendigt ist.
2. Schrift im ersten und Bild im zweiten Wurf, und
3. Schrift in beiden Würfen.

Hiernach könnte es scheinen, dafs die Wahrscheinlichkeit nur gleich $\frac{2}{3}$ wäre. Es ist jedoch klar, daſs die Möglichkeit oder Wahrscheinlichkeit des ersten Falles gröſser, als die eines der beiden letzten ist. Jene ist in der That gleich $\frac{1}{2}$, während für den zweiten und dritten sie nur $\frac{1}{4}$ ist. Die Wahrscheinlichkeit für das Erscheinen von Bild in zwei Würfen ist daher $\frac{1}{2} + \frac{1}{4} = \frac{3}{4}$ wie nach dem ersten Satze.

§ 4.

Besonders wichtig ist die Ermittelung der Wahrscheinlichkeit für das Zusammentreffen mehrerer Ereignisse, deren Wahrscheinlichkeiten man kennt.

III. Wenn Ereignisse von einander unabhängig sind, so ist die Wahrscheinlichkeit ihres Zusammentreffens gleich dem Producte ihrer Wahrscheinlichkeiten.

Hat man z. B. zwei Urnen, in deren jeder sich schwarze und weiſse Kugeln befinden, die man durch das Gefühl nicht von einander unterscheiden kann, so wird es beim Eingreifen immer gleich wahrscheinlich sein, die eine oder die andere Kugel zu fassen. In der ersten Urne mögen sich 25 schwarze und 2 weiſse Kugeln befinden, in der zweiten aber 13 schwarze und 3 weiſse. Die Wahrscheinlichkeit, aus der ersten Urne eine weiſse Kugel zu ziehn, ist alsdann $\frac{2}{27}$ und für die zweite Urne $\frac{3}{16}$. Der vorstehende Satz besagt, daſs die Wahrscheinlichkeit, beim einmaligen Ziehen aus beiden Urnen weiſse Kugeln zu treffen, ist gleich $\frac{2}{27} \cdot \frac{3}{16} = \frac{1}{72}$.

Man kann sich hiervon leicht überzeugen. Indem unter den 27 gleich möglichen Fällen beim Eingreifen in die erste Urne nur 2 eine weiſse Kugel geben, so ist die Wahrscheinlichkeit dafür offenbar gleich $\frac{2}{27}$. Ist aber dieser Zug geschehn, so ist der zweite noch ungewiſs, und jeder der dabei gleich möglichen 16 Fälle vermindert jene Wahrscheinlichkeit auf den 16ten Theil. Unter diesen Fällen sind aber 3 dem Ereigniſs günstig, die Wahrscheinlichkeit für dieses stellt sich also auf $\frac{3}{16} \cdot \frac{2}{27}$. Für das gewählte Beispiel ist also der Satz begründet, und man überzeugt sich leicht, daſs die angenommenen Zahlenwerthe dabei nicht wesentlich waren, also der Beweis allgemein-gültig geführt ist.

Es folgt hieraus, daſs die Wahrscheinlichkeit, womit die mehrmalige Wiederholung desselben Ereignisses unter gleichen Umständen erwartet werden darf, ausgedrückt wird durch die Wahrscheinlichkeit des einmaligen Eintretens der Erscheinung erhoben zu derjenigen Potenz, deren Exponent der Anzahl der Fälle gleich ist.

Die höheren Potenzen eines ächten Bruches werden aber immer kleiner, woher die mehrmalige Wiederholung eines an sich leicht möglichen Ereignisses sehr wenig wahrscheinlich wird.

Laplace schließt hieran die folgenden Bemerkungen. Eine Thatsache sei durch zwanzigmaliges Wiedererzählen überliefert worden. Wenn alsdann auch die Glaubwürdigkeit jeder Mittheilung gleich 0,9 wäre, so würde die der schließlichen Ueberlieferung doch nur 0,9 zur zwanzigsten Potenz oder gleich 0,1216 oder weniger als ⅛ sein. Diese auffallende Verminderung der Wahrscheinlichkeit kann man sehr passend mit der abnehmenden Deutlichkeit der Gegenstände vergleichen, die man durch mehrere Glasscheiben sieht. Die einzelne Scheibe läßt kaum eine Undeutlichkeit bemerken, wenn es aber mehrere sind, so wird das Bild bald unklar und leicht ganz unkenntlich. Die Geschichtschreiber pflegen diese Entstellung nicht sonderlich zu beachten, wenn sie von Zeiten sprechen, die viele Generationen zurückliegen, und gewiß würden manche historischen Ereignisse, die man als sicher ansieht, wenigstens sehr zweifelhaft erscheinen, wenn man sie einer solchen Prüfung unterwerfen wollte.

In den rein mathematischen Wissenschaften sind die entferntesten Folgerungen noch eben so sicher, wie die Grundsätze, von denen man ausgegangen ist. Bei Anwendung der Analysis auf physikalische Gegenstände geht die Wahrscheinlichkeit der zum Grunde gelegten Voraussetzungen auf alle Folgerungen über. In den historischen Wissenschaften leitet man dagegen jede Folgerung nur auf eine wahrscheinliche Art aus den vorhergehenden Sätzen ab. Welche Sorgfalt man daher auch anwenden mag, um Täuschungen zu vermeiden, so wächst die Größe des möglichen Fehlers doch mit jedem Schritte, und für entferntere Folgerungen dieser Art wird es viel wahrscheinlicher, daß das Resultat unrichtig, als daß es richtig ist.

§ 5.

IV. Wenn zwei Ereignisse von einander abhängig sind, so ist die Wahrscheinlichkeit des Zusammentreffens beider gleich dem Producte aus der Wahrscheinlichkeit des ersten Ereignisses in die Wahrscheinlichkeit, daß nach dem Eintreten desselben das zweite sich zutragen wird.

Hätte man z. B. drei Urnen, von denen man wüßte, daß eine nur schwarze und zwei nur weiße Kugeln enthalten, und wüßte man nicht, in welcher die schwarzen sich befinden, so würde die Wahrscheinlichkeit, daſs dieses bei der Urne *A* der Fall wäre, offenbar gleich $\frac{1}{3}$ sein. Die Aufgabe läſst sich indessen auch nach dem vorstehenden Satze auflösen, wenn man die Wahrscheinlichkeit sucht, in den beiden andern Urnen *B* und *C* weiſse Kugeln zu finden. Es ist nämlich die Wahrscheinlichkeit, daſs die Urne *B* weiſse Kugeln enthalte, gleich $\frac{2}{3}$. Tritt dieser Fall ein, so bleibt es nur noch zweifelhaft, ob die Urne *A* oder *C* die schwarzen Kugeln enthält. Beide Fälle sind gleich wahrscheinlich, daher die Wahrscheinlichkeit für die weiſsen Kugeln in der Urne *C* gleich $\frac{1}{2}$ oder die Wahrscheinlichkeit für das Ziehen der weiſsen Kugeln aus den Urnen *B* und *C* gleich $\frac{2}{3} \cdot \frac{1}{2} = \frac{1}{3}$ wie früher.

Hierbei zeigt sich der Einfluſs früherer Ereignisse auf spätere. Die Wahrscheinlichkeit in der Urne *C* weiſse Kugeln zu finden, war anfangs $\frac{2}{3}$, sie wird aber gleich $\frac{1}{2}$, sobald man sich überzeugt, daſs in *B* weiſse Kugeln liegen. Sie wäre zur Gewiſsheit oder gleich 1 geworden, wenn *B* die schwarzen Kugeln enthalten hätte. Man kann diesen Einfluſs auch durch den folgenden Satz ausdrücken, der sich aus Vorstehendem ergiebt.

V. Berechnet man nachträglich die Wahrscheinlichkeit eines bereits eingetretenen Ereignisses und die eines andern, welches von jenem und zugleich von einem noch in Aussicht stehenden Zufall abhängt, so ist die Wahrscheinlichkeit dieses Zufalles gleich der Wahrscheinlichkeit des zweiten Ereignisses dividirt durch die des ersten.

In dem letzten Beispiele war die Wahrscheinlichkeit, beim ersten Zuge weiſse Kugeln zu treffen, gleich $\frac{2}{3}$, und diejenige, in zwei Zügen weiſse Kugeln zu fassen, oder was dasselbe ist, die schwarzen Kugeln erst im dritten Zuge zu finden, gleich $\frac{1}{3}$. Wenn daher das erste Ereigniſs bereits eingetreten oder eine Urne mit weiſsen Kugeln schon gewählt ist, so ist nach dem letzten Satze die Wahrscheinlichkeit, im folgenden Zuge wieder weiſse Kugeln zu finden, gleich $\frac{1}{3}$ dividirt durch $\frac{2}{3}$ oder gleich $\frac{1}{2}$.

Oft ist die Frage aufgeworfen, ob bei ganz zufälligen Erscheinungen, wobei eine solche Beziehung zu einer früheren, wie in dem vorstehen Beispiele, nicht statt findet, die Vergangenheit von Einfluſs auf die Zukunft ist. Dieses ist indessen nicht der Fall. So ist es an sich höchst unwahrscheinlich, daſs man beim Aufwerfen einer flachen und ganz symmetrisch geformten Münze zehnmal nach einander die Bildseite treffen wird. Nach dem III. Satze ist die Wahrscheinlichkeit dafür gleich 1 dividirt durch 1024, oder man kann vor dem Beginn des Spieles 1 gegen 1023 wetten, daſs dieses nicht der Fall sein wird. Wenn man aber bereits neunmal hinter einander Bild geworfen hat, so bleibt der letzte Wurf hiervon ganz unabhängig, und die Wahrscheinlichkeit dafür, daſs er Bildseite geben wird, ist wie bei dem ersten Wurfe gleich $\frac{1}{2}$, weil keine Rückwirkung der früheren Ereignisse auf die folgenden denkbar ist.

Bei dem wiederholten und vorwiegenden Erscheinen der einen Seite ,kann man jedoch vermuthen, daſs in der Münze selbst die Ursache hiervon zu suchen, und sie nicht gleichmäfsig geformt sei. Wäre dieses aber der Fall, so würde auch in Zukunft derselbe Wurf der vorherrschende bleiben. Eben so ist das Glück, welches manche Personen in allen Lebensverhältnissen haben, gemeinhin nur die Folge ihrer Geschicklichkeit.

§ 6.

Hieran knüpft sich die Frage, wie man aus den beobachteten Erscheinungen auf deren Ursachen schließen kann. Offenbar ist jede Ursache, der man ein Ereigniſs zuschreiben darf, um so wahrscheinlicher, mit je gröſserer Wahrscheinlichkeit dieselbe, wenn sie wirklich vorhanden wäre, das Ereigniſs herbeiführen würde. Der Satz lautet daher:

VI. Die Wahrscheinlichkeit für eine der verschiedenen möglichen Ursachen ist ein Bruch, dessen Zähler die Wahrscheinlichkeit ist, womit diese Ursache das Ereigniſs herbeiführt, und dessen Nenner sich aus der Summe aller Wahrscheinlichkeiten in Betreff der sämmtlichen möglichen Ursachen zusammensetzt. Sind aber diese Ursachen an sich nicht gleich wahrscheinlich, so muſs man jede Wahrscheinlichkeit, mit der sie das Ereigniſs herbeiführt, mit der Wahrscheinlichkeit der Ursache selbst, sowol im Zähler wie im Nenner · multipliciren.

Man pflegt regelmäfsig wiederkehrende Erscheinungen besondern Ursachen zuzuschreiben. Oft glaubt man sogar, daſs regelmäfsige Erscheinungen weniger wahrscheinlich sind, als andre, daſs z. B. beim Aufwerfen einer symmetrisch gestalteten Münze nicht so leicht zehnmal nach einander die Bildseite fallen könne, als irgend eine andere bestimmte Reihenfolge, worin Bild und Schrift wechseln. Diese Ansicht setzt aber voraus, daſs die geschehenen Würfe auf die noch auszuführenden von Einfluſs sind, was nicht der Fall ist. Die regelmäfsigen Combinationen ereignen sich vielmehr nur deſshalb so selten, weil ihrer so wenige sind. An sich ist der Wurf 10 mal

Bild eben so wahrscheinlich, wie etwa 1 mal Schrift, 3 mal Bild, 2 mal Schrift, 1 mal Bild, 1 mal Schrift und 2 mal Bild. Dieser Wurf erscheint aber ganz unregelmäßig, woher er nicht beachtet, vielmehr zur großen Anzahl der anscheinend gesetzlosen gerechnet wird.

Eben wegen dieser verschwindend kleinen Anzahl der regelmäßigen Erscheinungen liegt die Vermuthung nahe, daß sie nicht zufällig eingetreten sind. Sehn wir z. B. die Lettern *EUROPA* in dieser Reihenfolge neben einander stehn, so urtheilen wir gleich, daß sie nicht durch Zufall so gefügt wurden. An sich ist dieses Zutreffen aber eben so leicht möglich, wie irgend ein andres, wobei ein Wort dargestellt würde, das sich nicht aussprechen läßt und in keiner uns bekannten Sprache vorkommt. Indem aber dieses Wort eine allgemein bekannte Bedeutung hat, so halten wir es ohne Vergleich für viel wahrscheinlicher, daß die Lettern absichtlich so gestellt wurden, als daß der Zufall sie zusammengefügt habe.

Wir sind gewohnt, die Erscheinungen die um uns vorgehn in gewöhnliche und ungewöhnliche oder außerordentliche einzutheilen. Die Anzahl der letztern ist vergleichungsweise zu der der erstern gemeinhin verschwindend klein, und wenn sie vorkommen, so wird immer ein Zweifel angeregt, ob sie wirklich zufällig eingetreten sind. Auch in den Zeugen-Aussagen über außerordentliche Ereignisse liegt bei unbefangener Ueberlegung der Verdacht sehr nahe, daß sie auf Täuschung oder Uebertreibung beruhn, und sie sind daher nur glaubwürdig, wenn sie durch andere Vernehmungen oder durch sonstige Umstände sehr sicher bestätigt werden.

§ 7.

VII. Die Wahrscheinlichkeit eines künftigen Ereignisses findet man, wenn man für das bereits früher beobachtete Eintreffen desselben Ereignisses die Wahrscheinlichkeit jeder möglichen Ursache desselben mit der Wahrscheinlichkeit multiplicirt, womit diese Ursache das Ereigniß auch in Zukunft herbeiführen kann. Die Summe dieser Producte drückt die Wahrscheinlichkeit des künftigen Eintreffens aus.

Wenn z. B. in einer Urne zwei Kugeln liegen, deren Farben unbekannt sind, so kann es sich treffen, daß man während einer Reihe von Zügen, wobei die untersuchte Kugel jedesmal wieder hineingeworfen wird, immer dieselbe Kugel faßt, und daher die zweite noch gar nicht untersucht ist. Nachdem man zweimal nach einander eine weiße Kugel gezogen, fragt es sich, wie groß die Wahrscheinlichkeit sei, daß der dritte Zug gleichfalls eine weiße geben werde. Man kann alsdann nur zwei Voraussetzungen machen, nämlich entweder ist die eine Kugel weiß, und die andre von andrer Farbe, oder beide Kugeln sind weiß. Nach der ersten Voraussetzung ist die Wahrscheinlichkeit des bereits eingetretenen Ereignisses oder das zweimalige Treffen der weißen Kugel gleich $\frac{1}{2}$, nach der zweiten ist sie 1. Wendet man hierauf den Satz VI an, und betrachtet beide Voraussetzungen als Ursachen, so sind die Wahrscheinlichkeiten derselben gleich $\frac{1}{3}$ und $\frac{2}{3}$. Nach der ersten Voraussetzung ist die Wahrscheinlichkeit, beim dritten Zug wieder eine weiße Kugel zu fassen, gleich $\frac{1}{2}$, nach der zweiten gleich 1. Multiplicirt man nun diese Wahrscheinlichkeiten mit denen der Voraussetzungen, so ist die Wahrscheinlichkeit für das Wiedererscheinen einer weißen Kugel beim dritten Zuge

$$\tfrac{1}{2}\cdot\tfrac{1}{3}+1\cdot\tfrac{2}{3}=\tfrac{9}{10}$$

Wenn die Wahrscheinlichkeit des einfachen Ereignisses unbekannt ist, so kann man dafür alle Werthe von 0 bis 1 einführen. Die Wahrscheinlichkeit einer jeden solchen Voraussetzung, geschlossen aus dem bereits erfolgten Eintreten des Ereignisses ist nach dem Satze VI gleich einem Bruche, dessen Zähler die Wahrscheinlichkeit des Ereignisses unter dieser Voraussetzung, und dessen Nenner die Summe der Wahrscheinlichkeiten der sämmtlichen möglichen Voraussetzungen ist. Multiplicirt man alsdann einen jeden dieser Brüche mit der Wahrscheinlichkeit, womit die betreffende Voraussetzung die Wiederholung des Ereignisses erwarten läßt, und summirt diese Producte, so ist dieses die Wahrscheinlichkeit der Wiederkehr. In der analytischen Behandlung stellt sich das Resultat dieser anscheinend verwickelten Untersuchung sehr einfach dar.

Ein Ereigniß sei n mal eingetreten. Die unbekannte Wahrscheinlichkeit des einmaligen Eintretens unter Voraussetzung einer gewissen Ursache sei μ, so ist die Wahrscheinlichkeit des $n$maligen Eintretens unter derselben Voraussetzung gleich

$$\mu^n$$

und nach Satz VI ist die Wahrscheinlichkeit dieser Voraussetzung

$$\frac{\mu^n}{[\mu^n]}$$

indem die Parenthese [ ] die Summe aller ähnlichen Glieder von $\mu=0$ bis $\mu=1$ bezeichnet. Unter Beibehaltung des Werthes μ ist die Wahrscheinlichkeit, daſs nach dieser Voraussetzung das Ereigniſs aufs Neue eintreten werde, gleich μ, also die Wahrscheinlichkeit, womit nach allen ähnlichen Voraussetzungen dieses zu erwarten ist

$$= \frac{\mu \cdot \mu^n}{[\mu^n]} + \frac{\mu' \cdot \mu'^n}{[\mu^n]} + \frac{\mu'' \cdot \mu''^n}{[\mu^n]} + \cdots$$

$$= \frac{[\mu^{n+1}]}{[\mu^n]}$$

Multiplicirt man Zähler und Nenner mit $d\mu$ und nimmt darauf Rücksicht, daſs μ in diesen Summen alle möglichen Wahrscheinlichkeiten ausdrücken, also alle Werthe von 0 bis 1 annehmen soll, so ist

$$[\mu^n] d\mu = \int \mu^n \cdot d\mu$$

$$= \frac{1}{n+1} \mu^{n+1}$$

also innerhalb der Grenzen 0 bis 1

$$= \frac{1}{n+1}$$

Eben so findet man

$$[\mu^{n+1} d\mu] = \frac{1}{n+2}$$

Die gesuchte Wahrscheinlichkeit ist daher gleich

$$\frac{n+1}{n+2}$$

Fragt man z. B., mit welcher Wahrscheinlichkeit man am nächsten Morgen die Wiederkehr des Tageslichtes erwarten darf, nachdem dieses zufolge sicherer historischer Nachrichten während 5000 Jahren regelmäſsig eingetreten ist, so wäre n gleich der Anzahl dieser Erfahrungen, also 1826213 und die gesuchte Wahrscheinlichkeit gleich

$$\frac{1826214}{1826215}$$

Man könnte also 1 gegen 1826214 wetten, daſs am nächsten Morgen das Tageslicht wiederkehren wird. Diese Wahrscheinlichkeit wird aber zur vollen Gewiſsheit, wenn man den Zusammenhang der Erscheinung mit den Gesetzen der Mechanik ins Auge faſst, wobei man sich leicht überzeugt, daſs nichts die Drehung der Erde plötzlich hemmen kann.

§ 8.

Das Wort Hoffnung bedeutet gewöhnlich den Vortheil, den man unter gewissen zufälligen Umständen erwartet. In der Wahrscheinlichkeits-Rechnung versteht man darunter eine Größe von bestimmtem Werthe.

VIII. Die Hoffnung ist gleich dem Producte aus dem erwarteten Vortheile in die Wahrscheinlichkeit, denselben zu erreichen. Wenn dieses aber auf verschiedene Art geschehn kann, so ist sie gleich der Summe der Producte aus der Wahrscheinlichkeit jedes dieser Ereignisse in die Größe des dadurch herbeigeführten Vortheiles. Zum Unterschiede von einem andern Begriffe, worin einige fremdartige Umstände berücksichtigt werden, nennt man die vorstehend bezeichnete Größe mathematische Hoffnung.

Beispielsweise sei verabredet, daß jemand 2 Thaler erhält, wenn er bei einmaligem Aufwerfen der Münze die Bildseite trifft, und 5 Thaler, wenn er zuerst Schrift und darauf Bild wirft. Die Wahrscheinlichkeit des ersten Falles ist $\frac{1}{2}$, die des zweiten $\frac{1}{4}$, und die Gewinne sind 2 und 5. Die Hoffnung ist also gleich $\frac{1}{2} \cdot 2 + \frac{1}{4} \cdot 5 = 2\frac{1}{4}$. Bei richtiger Anordnung dieses Spieles müßte daher der Einsatz $2\frac{1}{4}$ Thaler betragen.

IX. Wenn unter den wahrscheinlichen Ereignissen einige vortheilhaft, andere nachtheilig sind, so ist die Hoffnung gleich der Differenz zwischen der Summe der ersten Producte und der Summe der Producte aus den Verlusten in die Wahrscheinlichkeiten desselben. Ist die zweite Summe größer, als die erste, so verwandelt sich der wahrscheinliche Gewinn in Verlust und die Hoffnung in Besorgniß.

Man muß sich stets bemühen, die Verhältnisse des Lebens so einzurichten, daß die letzte Summe die erste nicht übersteigt, zur richtigen Schätzung der Gewinne und Verluste und der Wahrscheinlichkeiten beider gehört aber vorzugsweise volle Unbefangenheit, und demnächst auch Erfahrung und gesundes Urtheil. Man darf sich dabei weder Vorurtheilen, noch Täuschungen der Furcht oder Hoffnung hingeben, eben so wie auch keinen falschen Ansichten über das Glück, womit die meisten Menschen ihrer Eigenliebe schmeicheln.

§ 9.

Die beiden letzten Sätze führen zuweilen zu Folgerungen, deren Erklärung nicht leicht gewesen ist. Es werde beispielsweise wieder

die Münze aufgeworfen, wobei beide Seiten mit gleicher Wahrscheinlichkeit zu erwarten sind. Wenn man die Gewinne in der Art verabredet, daſs der Spieler 2 Thaler erhält, wenn er das erste Mal
Bild wirft, 4 Thaler, wenn dieses erst im zweiten Wurfe geschieht,
8 Thaler, wenn der dritte Wurf zuerst Bild zeigt, und so fort, so ist
die mathematische Hoffnung jedes Wurfes gleich einem Thaler, und
die ganze Hoffnung für *n* Würfe gleich *n* Thaler. Eben so groſs
müſste der Einsatz sein, folglich auch unendlich groſs, wenn keine
Grenze gesetzt würde, wobei das Spiel aufhört, im Falle fortwährend
die Schrift-Seite geworfen würde. Es wird indessen kein vernünfti-
ger Mensch sein Vermögen in dieser Weise auf das Spiel setzen,
noch auch eine mäſsige Summe, wie etwa von 20 Thalern daran
wagen, weil der Verlust des gröſsten Theiles vom Einsatze höchst
wahrscheinlich ist, und man in dem sehr unwahrscheinlichen, wenn
auch sehr groſsen Gewinne keine angemeſsne Entschädigung dafür
findet.

Der reelle Vortheil, den man allein berücksichtigen muſs,
hängt von vielen Umständen ab, die man oft nicht sicher in Rechnung stellen kann, der wichtigste unter diesen ist aber gewiſs die
Gröſse des eignen Vermögens. Augenscheinlich hat ein Thaler für
den Millionär einen ganz andern Werth, als für einen armen Spieler,
und der mögliche Gewinn einer Summe, die dem ganzen oder halben Vermögen des letzteren gleich kommt, ist nicht entfernt mit dem
Nachtheile eines eben so groſsen Verlustes zu vergleichen. Man darf
sich also nicht in ein Spiel einlassen, wobei das eine und das andre
mit gleicher Wahrscheinlichkeit zu erwarten ist. Bei dem Gewinne
und Verluste muſs man daher die absoluten und relativen Werthe
unterscheiden. Von den letztern allein hängen die Erwartungen
ab, und diese nehmen nur jene absoluten Werthe an, wenn das Vermögen des Spielers im Vergleiche zu den Gewinnen und Verlusten
unendlich groſs ist. Ein allgemein gültiger Ausdruck für die relativen Werthe läſst sich nicht angeben, doch wird in den meisten Fällen der folgende, von Daniel Bernouilli aufgestellte Satz mit dem
Urtheil des gesunden Menschenverstandes übereinstimmen.

X. Der relative Werth einer unendlich kleinen Summe ist
gleich dem absoluten Werth derselben dividirt durch das Vermögen
der dabei betheiligten Person. Es wird dabei vorausgesetzt, daſs
jeder Mensch einiges Vermögen besitzt, und letzteres niemals bis auf
Nichts herabsinkt. In der That wird selbst der Aermste den Ertrag

seiner Arbeit oder seine Hoffnungen mindestens eben so hoch schätzen, als er nothdürftig zum Leben braucht.

Das Vermögen sei 1, der Zuwachs desselben α, und a die Wahrscheinlichkeit, dafs letzterer eintritt. Alsdann ist nach dem vorstehenden Satze der relative Werth einer sehr kleinen Vergröfserung gleich

$$\frac{d\alpha}{1+\alpha}$$

und die entsprechende Hoffnung

$$\frac{a\,d\alpha}{1+\alpha}$$

daher die ganze moralische Hoffnung auf den vollen Gewinn von $\alpha = 0$ bis $\alpha = a$, wobei die Wahrscheinlichkeit immer dieselbe bleibt, weil man entweder den ganzen Gewinn α oder Verlust erwartet, gleich

$$a\int\frac{d\alpha}{1+\alpha} = \log(1+\alpha)^a.$$

Eine Constante kommt nicht hinzu, weil für $\alpha = 0$ auch $\log(1+\alpha) = 0$ ist.

Dieses ist die moralische Hoffnung auf den Gewinn α, während nach Satz VIII die mathematische Hoffnung gleich $a\alpha$ war.

Wären in gleicher Weise noch andere Gewinne $\beta, \gamma \ldots$ mit den Wahrscheinlichkeiten $b, c \ldots$ zu erwarten, so würde die moralische Hoffnung auf Gewinn sich durch

$$\log(1+\alpha)^a + \log(1+\beta)^b + \log(1+\gamma)^c + \cdots$$
$$= \log[(1+\alpha)^a \cdot (1+\beta)^b \cdot (1+\gamma)^c \cdots]$$

ausdrücken. Fragt man, wie grofs diese Hoffnung sei, die durch x bezeichnet wird, so ist der moralische Werth des kleinen Zuwachses dx derselben wieder gleich

$$\frac{dx}{1+x}$$

daher des ganzen x

$$\log(1+x)$$

Man hat demnach

$$x = (1+\alpha)^a \cdot (1+\beta)^b \cdot (1+\gamma)^c + \cdots - 1$$

Wendet man diesen Ausdruck auf das erwähnte Spiel an, wobei die Gewinne 2, 4, 8, 16 ... Thaler sind, jenachdem man die Bildseite im 1., 2., 3. Wurfe u. s. w. trifft, und nimmt man an, dafs das Vermögen des Spielers 200 Thaler beträgt, so erhält man nach vorhergehender Reduction auf diese Einheit die moralische Hoffnung

$$x = (-1 + 1{,}01^{\frac{1}{2}} \cdot 1{,}02^{\frac{1}{4}} \cdot 1{,}04^{\frac{1}{8}} \cdot 1{,}08^{\frac{1}{16}} \ldots) \, 200$$

Die Anzahl der Factoren des zweiten Gliedes ist gleich der vorher ausbedungenen Anzahl von Würfen, bis zu der das Spiel fortgesetzt werden soll, wenn nicht schon früher die Bildseite erscheint. Diese Anzahl sei gleich n, so ergeben sich die nachstehenden Werthe für x oder für die moralische Hoffnung, nachdem der Einsatz bereits eingezahlt ist. Wenn aber hiervon der Einsatz abgezogen, so bleibt die in der letzten Spalte angegebene Aussicht auf Gewinn, die in allen Fällen negativ ist und bei einer gröfseren Anzahl von Würfen einen bedeutenden Verlust besorgen läfst.

Anzahl der Würfe = n	Einsatz.	x	Aussicht auf Gewinn.
1	1 Thlr.	0,998 Thlr.	— 0,002 Thlr.
2	2 -	1,994 -	— 0,006 -
3	3 -	2,988 -	— 0,012 -
4	4 -	3,966 -	— 0,034 -
5	5 -	4,914 -	— 0,086 -
6	6 -	5,806 -	— 0,194 -
7	7 -	6,602 -	— 0,398 -
8	8 -	7,268 -	— 0,732 -
9	9 -	7,782 -	— 1,218 -
10	10 -	8,150 -	— 1,850 -
11	11 -	8,396 -	— 2,604 -
12	12 -	8,552 -	— 3,448 -

Der obige Ausdruck für x zeigt auch, dafs, wenn die erwarteten Gewinne $\alpha, \beta, \gamma, \ldots$ vergleichungsweise zum Vermögen des Spielers so klein sind, dafs man die höheren Potenzen desselben vernachlässigen kann, die Factoren des zweiten Gliedes sich in $1 + a\alpha$, $1 + b\beta$, $1 + c\gamma$ und so weiter verwandeln, wodurch

$$x = a\alpha + b\beta + c\gamma + \cdots$$

wird. Die moralische Hoffnung ist also in diesem Falle eben so grofs, wie die mathematische.

Dieser Satz zeigt noch, dafs in jedem Spiele, wenn auch die Einsätze den möglichen Gewinnen genau entsprechen, die Verluste immer empfindlicher, als die erwarteten Gewinne vortheilhaft sind. Beträgt das Vermögen des Spielers vor der Annahme jenes Spieles mit der Münze 100 Thaler und er läfst sich unter den erwähnten

Bedingungen auf 50 Würfe ein, so ist die moralische Hoffnung auf Gewinn nach Erlegung des Einsatzes von 50 Thalern und bevor das Spiel beginnt, nur 37 Thaler. Abgesehn von den möglichen noch größeren Verlusten hat der Spieler daher bereits 13 Thaler eingebüßt. Hieraus ergiebt sich, wie nachtheilig diejenigen Spiele sind, wo die Einsätze sogar die mathematische Hoffnung übersteigen, und doch geschieht dieses bei allen Spielbanken, weil dieselben einen gewissen Gewinn sich sichern müssen.

Aus dem Satze X ergiebt sich auch, daß man bei unvermeidlichen Gefahren nicht sein ganzes Vermögen von demselben Zufall abhängig machen darf, man es vielmehr vertheilen muß, damit die zufälligen Verluste nur einzelne Theile treffen. Ist das Vermögen aber an sich zu unbedeutend, um es bei dieser Vertheilung noch vortheilhaft anlegen zu können, so thut man wohl, mit andern Personen, die in gleicher Verlegenheit sind, in Verbindung zu treten. Hierauf beruht der moralische Werth der Versicherungs-Gesellschaften. Man darf indessen von denselben nur Vortheile erwarten, wenn man nicht selbst Gelegenheit hat, sein Besitzthum gegen einzelne Zufälle zu sichern. So pflegt der Rheder, dem eine größere Anzahl von Seeschiffen gehört, dieselben bei keiner Assecuranz-Gesellschaft zu versichern, indem die Prämien, die er diesen zahlen müßte, den Werth der wahrscheinlichen Verluste leicht übersteigen. Diese Differenz beruht theils auf den nothwendigen Verwaltungskosten, theils aber auch darauf, daß die Wahrscheinlichkeit der Verluste für alle Theilnehmer nicht dieselbe ist, vielmehr gut ausgerüstete und tüchtig bemannte Schiffe viel seltener Schaden nehmen, als andere. Der reelle und vorsichtige Eigner vieler Schiffe findet es daher angemessner, ein besonderes Conto für Versicherungen zu führen und die Prämien an sich selbst zu zahlen.

Indem man sich durch Versicherungen solcher Art vor großen Verlusten schützt, so überträgt man das unvermeidliche Risico auf eine Gesellschaft, deren Vermögen viel größer ist, als das des Einzelnen, bei der also die Verluste und Gewinne unter Hinzufügung eines gewissen Zuschlages sich ausgleichen. Wie sehr diese Einrichtung sich rechtfertigt und als wohlthätig angesehn werden muß, so kommt doch nicht selten auch gerade das Gegentheil vor, indem große Capitalisten, um ihr Conto sogleich abzuschließen, sich mit Speculanten einlassen, die bei weit geringerem Vermögen die zufälligen Verluste und Gewinne gegen gewisse Abfindungs-Summen übernehmen. Diese gehen natürlich darauf nur ein, wenn die mathema-

tische Hoffnung hinreichend grofs ist, sie also mehr- Aussicht auf
Gewinn, als auf Verlust haben. Ein solcher Vortheil gebührt auch
dem Unternehmer als Vergütung für die Besorgung des Geschäftes.
Betrachtet man dagegen den moralischen Werth, den die zufälligen
Gewinne und Verluste für den Unternehmer bei seinem beschränkten
Vermögen haben, so überzeugt man sich leicht, dafs er das Risico
nur tragen kann, wenn ihm aufser jenem bereits erwähnten, noch ein
neuer bedeutender Vortheil zugesichert wird. Dieser Vortheil sei
gleich x und der Gewinn α, der mit der Wahrscheinlichkeit a zu
erwarten ist, während mit derselben Wahrscheinlichkeit auch ein
Verlust a eintreten kann. Endlich sei m das Vermögen des Unternehmers. Nach dem letzten Satze findet man

$$x = -1 + \left(1 + \frac{\alpha}{m}\right)^a \cdot \left(1 - \frac{\alpha}{m}\right)^a$$

oder der Geldwerth der entsprechenden Entschädigung ist

$$m - m \left(1 - \frac{\alpha^2}{m^2}\right)^a$$

Vernachlässigt man dabei die höheren Potenzen des zweiten
Gliedes in der Parenthese, so verwandelt sich dieser Ausdruck in

$$\frac{a \alpha^2}{m}$$

woraus sich ergiebt, dafs diese letzte Vergütung im umgekehrten
Verhältnisse zum Vermögen des Unternehmers steht, der Aermere
also zu weit gröfseren Forderungen, als der Reichere berechtigt ist.

Die Hoffnung, dafs der Unternehmer das Risico wirklich tragen
wird, ist indessen wie die Erfahrung zeigt, nur begründet, so lange
die Verluste geringfügig bleiben. Stellen sie sich dagegen in bedeutender Gröfse ein, so hört eines Theils die Verpflichtung auf, sobald
die Mittel erschöpft sind, andern Theils werden aber jedesmal schon
früher Billigkeitsgründe geltend gemacht, die gemeinhin nicht unberücksichtigt bleiben, sobald nur der Nachweis geführt werden kann,
dafs die Verluste ohne eignes Verschulden eingetreten sind. Diese
Uebertragung des Risico's auf einen Einzelnen, wie etwa bei grofsen
und von manchen Zufälligkeiten abhängigen Bauten, ist ein Glücks-
spiel, wobei der Bauherr, oder der Staat, vorweg auf den Gewinn
in den günstigen Chancen verzichtet, aber dennoch die gröfseren
zufälligen Verluste tragen mufs.

Glücksspiele dieser Art sind ohne Zweifel die nachtheiligsten von allen, und dennoch wird nicht selten, und in manchen Staaten sogar regelmäfsig darauf eingegangen. Vorzugsweise geschieht dieses wohl in der Absicht, schon vor dem Beginne eines Baues den Kostenbetrag desselben ganz bestimmt bezeichnen zu können, zuweilen glaubt man auch andere Gründe dafür geltend machen zu müssen. Jedenfalls ist es aber für den Staat, als den gröfsten Capitalisten, immer am vortheilhaftesten, wenn er das Risico sich selbst vorbehält, weil alsdann die möglichen Gewinne und Verluste sich wirklich ausgleichen. Nur solche Arbeiten, deren Ausdehnung sich bestimmt vorhersehn läfst und die von keinen Zufälligkeiten abhängig sind, eignen sich zu Entreprisen und noch mehr zu Accorden, und zwar unmittelbar mit den Arbeitern, die sie ausführen.

§ 10.

Von grofser Bedeutung ist die Anwendung der Wahrscheinlichkeits-Rechnung auf die Benutzung von Beobachtungen, und hiervon wird im Folgenden allein die Rede sein. Jede Messung ist wie bereits erwähnt, mit zufälligen Fehlern behaftet, wenn sie aber oft wiederholt wird, so lassen sich diese Fehler nicht nur in gewissem Grade beseitigen, sondern sie geben auch Gelegenheit zu beurtheilen, welche Sicherheit die gewonnenen Resultate haben.

Die Beobachtungsfehler rühren zuweilen, und namentlich bei mangelhafter Uebung im Gebrauche der Instrumente und Apparate von der falschen Aufstellung und unrichtigen Behandlung der letzteren, oder von groben Irrungen im Ablesen der Maafse her. Sie können alsdann leicht überaus grofs werden und folgen nicht mehr den Gesetzen der Wahrscheinlichkeits-Rechnung, die für jede einzelne Beobachtung gleiche Fehler-Ursachen voraussetzt. Bei unvorsichtiger Benutzung der Instrumente sind zuweilen auch sämmtliche Messungen mit gewissen constanten Fehlern, wie etwa mit Collimations-Fehlern, behaftet, die also durch Vergleichung der einzelnen Resultate sich nicht zu erkennen geben, während vielleicht die Uebereinstimmung derselben sogar einen hohen Grad von Genauigkeit vermuthen läfst. Auch von Fehlern dieser Art, die also nicht mehr zufällig sind, ist hier nicht die Rede, sondern nur von solchen die nach gehöriger Berichtigung des Instrumentes und bei voller Aufmerksamkeit und Uebung im Messen sich nicht vermeiden lassen. Ob diese Fehler positiv oder negativ ausfallen, und wie grofs sie sein werden, läfst sich weder durch blofse Ueberlegung, noch durch

Rechnung vorhersehn. Sie sind also zufällige Erscheinungen und nur den Gesetzen des Zufalls unterworfen.

Die Instrumente oder Meſs-Apparate sind stets in gewissem Grade ungenau und mangelhaft. Die Schärfe der Einstellung und Ablesung ist begrenzt, und eben so ist das Maaſs oder die Theilung mit gewissen Fehlern behaftet, die selbst durch die sorgfältigste Prüfung nur bis zu einem gewissen Grade festgestellt und zur Berichtigung der Ablesung benutzt werden können. Endlich sind auch unsere Sinne nicht vollkommen. Selbst das schärfste Auge, von allen Mitteln der Optik unterstützt, kann nur bis zu einer näheren oder entfernteren Grenze die Erscheinungen verfolgen, während die kleineren Maaſse, die jenseits derselben liegen, nicht mehr wahrzunehmen sind.

Hiernach sind alle Beobachtungen mit gewissen Fehlern behaftet, die von der Eigenthümlichkeit der Erscheinung, so wie von der Güte der dabei benutzten Instrumente und von der Geschicklichkeit und Aufmerksamkeit des Beobachters abhängen. Es giebt aber jedesmal bei wiederholter Messung, während die äuſsern Einwirkungen dieselben bleiben, oder von ihren Aenderungen Rechnung getragen, wird, und wenn jene groben Irrungen vermieden werden, von denen bereits die Rede war, einen gewissen Grad von Genauigkeit, den man dabei erreicht, oder die Fehler treten in derselben Weise auf, wie andere Erscheinungen, die von constanten Zufälligkeiten abhängen. Sie folgen also den Gesetzen der Wahrscheinlichkeits-Rechnung, in gleicher Weise, wie dieses beim Würfelspiel, oder beim Ziehn von Loosen geschieht.

Die Methoden dieser Rechnung lehren zunächst die wahrscheinlichsten Werthe der unbekannten Constanten aus Beobachtungen zu finden, die sämmtlich mit zufälligen Fehlern derselben Art behaftet sind. Dabei wird aber vorausgesetzt, daſs die Anzahl der Beobachtungen, also auch die der Gleichungen, gröſser als die der Unbekannten ist. Wären beide einander gleich, so würde man zwar ganz bestimmte Resultate erhalten, die jedoch von den Beobachtungsfehlern im vollsten Maaſse entstellt sind, indem eine Ausgleichung der letzteren in diesem Falle gar nicht eintreten kann. Ist die Anzahl der Unbekannten kleiner, als die der Messungen, so lassen sich für die ersteren keine Werthe finden, welche die letzteren vollständig darstellen, aber wohl solche, die einer Ausgleichung der Fehler nach den Gesetzen des Zufalls entsprechen, und sonach die wahrscheinlichsten und zugleich im Allgemeinen auch richtiger sind, als jene aus einer gleichen Zahl von Beobachtungen hergeleiteten ganz bestimmten Werthe.

Wenn es sonst nur Aufgabe war, die Unbekannten so zu berechnen, daß sie den Beobachtungen nicht in auffallender Weise widersprachen, so muß gegenwärtig, nachdem das methodische Verfahren bekannt ist, jedes aus Beobachtungen hergeleitete Resultat als falsch angesehn werden, welches nicht die wahrscheinlichsten Werthe der Unbekannten angiebt.

Vergleicht man demnächst die einzelnen Messungen mit denjenigen Werthen, welche sich durch Einführung der in dieser Art gefundenen Unbekannten darstellen, so lassen die Differenzen zwischen beiden erkennen, welchen Grad der Wahrscheinlichkeit sowohl die Messungen selbst, als auch die daraus hergeleiteten Resultate haben. Diese Untersuchung ist insofern von der höchsten Bedeutung, als sie zu einer richtigen Würdigung der gewonnenen Resultate führt. Die zuweilen sehr willkührlichen und zum Theil sogar augenscheinlich unrichtigen Lehrsätze in manchen Erfahrungs-Wissenschaften, wie zum Beispiel in der angewandten Hydraulik, würden nicht aufgestellt sein, wenn ihre Erfinder die Sicherheit der vermeintlichen Entdekkung einer vorurtheilsfreien und methodischen Prüfung unterworfen, und die gefundenen Resultate als ungültig unterdrückt hätten, sobald diese sich nicht mit großer Wahrscheinlichkeit annähernd als richtig herausstellten.

Endlich führen die Methoden der Wahrscheinlichkeits-Rechnung auch bei Vergleichung verschiedener Hypothesen zu einem sichern Urtheil über dieselben. In vielen Fällen ist nämlich der Zusammenhang der einzelnen Wirkungen, welche eine Erscheinung veranlassen, so complicirt, daß es nicht gelingt, denselben theoretisch zu verfolgen. Es bleibt alsdann nur übrig, gewisse Hypothesen einzuführen. Wenn diese aber gleiche Berechtigung haben, so entsteht die Frage, welche von ihnen durch die vorliegenden Beobachtungen am meisten bestätigt wird.

Ein Beispiel wird dieses Verhältniß klar machen. Die Bewegung des Wassers in cylindrischen Röhren ist vergleichungsweise mit andern eine einfache Erscheinung, es ist aber bisher noch nicht geglückt, sie aufzuklären. Unter Beibehaltung derselben Röhre ist die Geschwindigkeit des hindurchströmenden Wassers augenscheinlich von der Druckhöhe abhängig. Bei uns wird gewöhnlich vorausgesetzt, daß die Druckhöhe dem Quadrate der Geschwindigkeit des Wassers proportional sei, in Frankreich nimmt man dagegen an, die Druckhöhe sei der Summe zweier Glieder gleich, von denen das eine die erste und das andere die zweite Potenz der Geschwindigkeit zum Factor hat. Woltman machte schon früher darauf aufmerksam, daß die ihm vorliegenden Beobachtungen sich ziemlich befriedigend darstellen, wenn man die Druckhöhe der $1\frac{3}{4}$ten Potenz der Geschwindigkeit proportional setzt. In ähnlicher Art hat man in neuester Zeit verschiedentlich versucht, andere Exponenten zu finden, die den Beobachtungen noch mehr entsprechen. Es sind also in diesem Beispiele sehr verschiedene Hypothesen aufgestellt worden, denen man, so lange der wahre Zusammenhang unbekannt ist, mit gleichem Rechte noch viele andere hinzufügen könnte. Die Wahrscheinlichkeits-Rechnung lehrt nun ein Criterium, woran man erkennt, welche von diesen Hypothesen den vorliegenden Beobachtungen sich am schärfsten anschließt. Sie bietet aber überdieß auch Gelegenheit zu beurtheilen, ob diese wahrscheinlichste Hypothese als die richtige angesehn werden darf, oder ob sie nur innerhalb gewisser Grenzen gültig ist. Wenn nämlich die Differenzen zwischen den beobachteten und den nach dieser Hypothese berechneten Werthen ganz zufällig bald positiv, bald negativ ausfallen, so darf man sie als Beobachtungs-Fehler ansehn, wenn sie dagegen, nach der Größe der Variabeln geordnet, sich in gleichem Sinne regelmäßig verändern, also entweder größer, oder kleiner werden, so ist dieses ein sicheres Zeichen, daß die zum Grunde gelegte Hypothese nur innerhalb gewisser Grenzen ungefähr als zutreffend angesehn werden darf, daß sie aber keineswegs die Erscheinung vollständig darstellt.

Es ergiebt sich hieraus, welchen wesentlichen Nutzen die Wahrscheinlichkeits-Rechnung bietet, so oft man aus Messungen und Beobachtungen sichere Resultate ziehn will.

II. Abschnitt.

Beziehung zwischen der Grösse der Beobachtungsfehler und der Wahrscheinlichkeit ihres Vorkommens.

§ 11.

Die oben mitgetheilten zehn Grundsätze enthalten sehr vollständig die Elemente der Wahrscheinlichkeits-Rechnung in ihren verschiedenen Anwendungen. Die Gesetze, denen die Beobachtungsfehler unterliegen, ergeben sich aus denselben, doch lassen sie sich nur darstellen, wenn man auf die Fehler-Quellen zurückgeht.

Indem die Beobachtungs-Fehler, wie vorstehend gezeigt ist, zufällig sind, so können sie die Resultate eben so leicht vergröfsern, wie verkleinern, und man hat keinen Grund, irgend eine Correction anzubringen, so lange die Messung nicht wiederholt, oder in andrer Weise geprüft ist. Der wahrscheinlichste Werth einer nur einmal gemessenen Gröfse ist sonach derjenige, den man gerade gefunden hat. Hat man dagegen eine oder mehrere Wiederholungen vorgenommen, so kann die dauernde Wiederkehr desselben zufälligen Fehlers eben so wenig eintreten, wie man beim wiederholten Aufwerfen eines richtigen Würfels immer dieselbe Seite wieder erwarten darf, es werden vielmehr beim Eintreten der zufälligen Erscheinung dieselben Abwechselungen sich zeigen, die eben den Zufall charakterisiren, und die bei vielfacher Wiederholung zuletzt dazu dienen, den Einflufs der constanten Ursachen von denen des Zufalls zu trennen, und sonach die letzteren aus dem Resultate immer mehr zu entfernen. Etwas Aehnliches geschieht auch bei anderen Controllen, doch ist dieser Fall weniger einfach und es kann daher erst später hiervon die Rede sein.

Wenn man dieselbe Gröfse vielfach gemessen und sich dabei immer bemüht hat, nicht nur durch unmittelbare Ablesung der Theilung, sondern auch durch Schätzung der kleineren Maafse das Resultat jedesmal möglichst scharf auszudrücken, so werden die gefundenen Unterschiede allein von jenen zufälligen Fehlern herrühren.

Die Abweichungen von dem mittleren Werthe sind aber nicht nur
durch das Zeichen von einander verschieden, indem sie bald positiv,
bald negativ ausfallen, sondern sie stellen sich auch in ihrer absoluten Gröfse sehr abweichend dar. Zuweilen verschwinden sie ganz,
sie verfolgen aber alle Abstufungen bis zu den gröfsten Werthen.
Man wird bei vielfachen Wiederholungen immer finden, dafs die
Anzahl der Abweichungen zwischen je zwei gleich weit entfernten
Grenzen nicht gleich grofs ist, vielmehr kleinere Abweichungen jedesmal häufiger vorkommen, als gröfsere (§ 28). Wenn man zum Beispiel dieselbe Linie von 50 Ruthen Länge mit der Kette wiederholentlich mifst, indem man jedesmal die Stellen, wo die Kettenstäbe
eingesetzt wurden, unkenntlich macht, so wird unter günstigen Umständen wohl keine Abweichung von 1 Fufs vorkommen, die Abweichungen von einigen Zollen oder noch kleinere werden sich aber
um so häufiger wiederholen, je geringer sie sind. Eben so wird
man beim wiederholten Messen eines Winkels viel häufiger Abweichungen von einigen Minuten, als von ganzen Graden finden.
Dasselbe geschieht bei allen Messungen und Beobachtungen. Hiernach ist es wahrscheinlicher, einen kleineren, als einen gröfseren
Fehler zu begehn, oder es findet bei jeder Beobachtungs-Art zwischen
der Gröfse des Fehlers und der Wahrscheinlichkeit seines Vorkommens eine gewisse Beziehung statt. Die Wahrscheinlichkeit eines gewissen Fehlers ist sonach eine Function seiner Gröfse,
die positiven und negativen Fehler sind aber gleich wahrscheinlich,
wenn man, wie vorausgesetzt wird, constante Fehler-Ursachen vermeidet.

Zur Darstellung des analytischen Ausdrucks dieser Function oder
der Beziehung zwischen der Gröfse des Fehlers und der Wahrscheinlichkeit seines Vorkommens soll hier ein Weg gewählt werden, der
in dem Gebiete der Wahrscheinlichkeits-Rechnung keineswegs unge-
wöhnlich, der aber zu diesem Zwecke bisher nicht benutzt ist. Er
gewährt den Vorzug einer grofsen Anschaulichkeit, und führt ohne
fremdartige Hypothesen zum Ziele, während er zugleich nur solche Vorkenntnisse in Anspruch nimmt, die ziemlich allgemein ver-
breitet sind.

§ 12.

Der zufällige Beobachtungsfehler wird niemals durch einen einzelnen Umstand veranlafst, er setzt sich vielmehr immer aus verschiedenen Fehlern zusammen, die in allen Theilen des Apparates und

in der Anwendung desselben vorkommen. Wird zum Beispiel eine Linie von der Länge einer Viertel-Meile gemessen, so muß die Kette hundertmal ausgespannt werden, und jeder Fehler beim einmaligen Ausspannen hat Einfluß auf das Resultat. Der Fehler im letzteren ist die algebraische Summe dieser partiellen Fehler, oder die Differenz zwischen der Summe der positiven und der negativen. In gleicher Weise kann man aber auch schon den Fehler beim einmaligen Ausspannen der Kette in eine große Anzahl entfernterer Fehler zerlegen. Die Länge der Kette wird nämlich von Zeit zu Zeit mit dem Etalon verglichen. Man spannt sie zu diesem Zwecke auf mäßig ebenem Boden aus, und überzeugt sich, daß die Kettenstäbe von Mitte zu Mitte wirklich 5 Ruthen von einander entfernt sind. Ist ihr Abstand größer oder kleiner, so bringt man die erforderliche Berichtigung an. Wenn aber beim ferneren Gebrauche die einzelnen Glieder oder die Ringe eine etwas andre Lage annehmen, oder wenn der Boden mehr oder weniger eben ist, als er bei der Probe war, oder die Kette schärfer oder schwächer angezogen wird, oder die Temperatur eine andere ist, oder überhaupt irgend welche veränderten Umstände eintreten, so werden offenbar eine sehr große Anzahl Abweichungen eingeführt, deren algebraische Summe schon den Fehler der einzelnen Kettenlänge bildet. Auch bei Winkel-Messungen und überhaupt bei jeder Art von Messung findet dasselbe statt, woher es keineswegs eine unbegründete Voraussetzung ist, vielmehr aus der nähern Betrachtung des ganzen Verfahrens und der Zusammenstellung des Apparates sich unmittelbar erklärt, daß der Fehler jeder Messung sich aus einer sehr großen Anzahl von elementären Fehlern zusammensetzt. Diese Anzahl vergrößert sich aber immer mehr, je weiter man auf die entfernteren Fehlerquellen zurückgeht.

Jeder Beobachter und eben so auch jeder Mechaniker, der den Meß-Apparat anfertigt, wird sich bemühen, constante Fehler zu vermeiden, die das Resultat der Messung jedesmal vergrößern, oder jedesmal verkleinern. Hierher gehört schon die erwähnte Prüfung der Kette durch das Etalon, und in ähnlicher Art wird der vorsichtige Beobachter nie versäumen, diejenigen Prüfungen vorzunehmen, wodurch er sich überzeugen kann, daß sein Instrument den nöthigen Grad von Richtigkeit hat, oder aber er wird die nicht zu beseitigenden Fehler ermitteln und die entsprechende Berichtigung in das Resultat einführen. Es folgt hieraus, daß jeder noch bleibende, also zufällige Fehler der einzelnen Operationen eben so leicht positiv,

wie negativ sein kann, und daſs daher die Wahrscheinlichkeit für
einen positiven Werth desselben eben so groſs, wie für einen negativen ist.

Wenn diese Voraussetzungen als in sich begründet zugegeben
werden, so könnte doch die Annahme, daſs es für jede Messung
unendlich viele und zwar gleich groſse, also sehr kleine, elementäre
Fehler giebt, Bedenken erregen. Indem man auf die entfernteren
Fehlerquellen zurückgeht, und es hierbei in der That keine Grenze
giebt, so wird auch diese Voraussetzung nicht unpassend erscheinen,
man muſs sie aber machen, wenn man die Beobachtungsfehler allgemein auffassen und nicht etwa eine bestimmte Art von Beobachtungen untersuchen will. Im letzten Falle lieſse sich allerdings das
Zusammentreffen einer mäſsigen Anzahl partieller Fehler und zwar
von verschiedener Gröſse denken, aber die Feststellung der Verhältnisse würde immer sehr willkührlich bleiben, und die gefundenen
Resultate würden nur auf diese Art der Messung Anwendung finden.

Die der folgenden Untersuchung zum Grunde liegende Hypothese lautet demnach:

„Der Beobachtungsfehler ist die algebraische Summe
einer unendlich groſsen Anzahl elementärer Fehler, die
alle gleichen Werth haben und eben so leicht positiv, wie
negativ sein können.“

Diese Voraussetzung führt durch sehr einfache Betrachtungen
zu dem Ausdrucke, der die Wahrscheinlichkeit des Eintretens der
Fehler von verschiedener Gröſse bezeichnet, und zwar stimmt dieser
Ausdruck genau mit demjenigen überein, den zuerst Gauſs herleitete, indem er annahm, daſs bei wiederholter Messung einer einfachen
Gröſse das arithmetische Mittel der wahrscheinlichste Werth sei.
Thomas Young hat dagegen einer Untersuchung über die Wahrscheinlichkeit der Beobachtungsfehler eine Hypothese zum Grunde
gelegt, die mit der hier gewählten nahe übereinstimmte. Die Resultate,
zu denen er gelangte, beschränken sich indessen nur auf einige Vorsichts-Maaſsregeln beim Beobachten, ohne zu einer Methode zu führen,
nach welcher die wahrscheinlichsten Werthe sicher dargestellt werden
können*). Später hat Bessel sowohl unter Annahme einer einzigen,
wie mehrerer Fehler-Quellen und unter der Voraussetzung, daſs jeder
Fehler eben so leicht positiv, wie negativ sein kann, jenes von Gauſs

---

*) Remarks on the probabilities of error in physical observations. Philosophical
Transactions for 1819.

aufgestellte Gesetz, unabhängig vom arithmetischen Mittel hergeleitet*). Der dabei verfolgte Weg bietet indessen größere Schwierigkeiten, woher er sich für die hier beabsichtigte, möglichst einfache Begründung nicht eignet.

§ 13.

Nach der obigen Auffassung ist der Beobachtungsfehler gleich der Differenz zwischen den in unendlicher Anzahl auftretenden sehr kleinen positiven und negativen elementären Fehlern, von denen jeder eben so leicht positiv, wie negativ sein kann. Das Verhältniß ist also genau dasselbe, als wenn in einer Urne eine gewisse Anzahl schwarzer und eben so viele weiße Kugeln liegen und man wiederholentlich eine herauszieht, die man aber, nachdem man sie gesehn, wieder hineinwirft, damit immer eben so viele schwarze wie weiße Kugeln in der Urne bleiben. Es fragt sich, mit welcher Wahrscheinlichkeit man bei einer großen Anzahl von Zügen verschiedene Differenzen zwischen schwarzen und weißen Kugeln erwarten darf.

Bei jedem einzelnen Zuge ist es eben so wahrscheinlich, eine schwarze, wie eine weiße Kugel zu fassen, wenn man also nur einmal greift, so ist die Wahrscheinlichkeit für jede gleich $\frac{1}{2}$, und die Summe dieser beiden Wahrscheinlichkeiten ist 1, oder die Gewißheit, daß man entweder eine schwarze oder eine weiße Kugel ziehen wird.

Wenn die schwarzen Kugeln mit S, die weißen mit W bezeichnet werden, so sind bei zwei Ziehungen die vier gleich wahrscheinlichen Fälle

$$SS \qquad SW \qquad WS \text{ und } WW$$

die Wahrscheinlichkeit eines jeden ist also gleich $\frac{1}{4}$. Wenn aber die Reihenfolge, in der die schwarzen und weißen Kugeln auftreten, unbeachtet bleibt, so fallen die beiden mittleren Züge zusammen, und die Wahrscheinlichkeit derselben ist $2 \cdot \frac{1}{4}$ oder $\frac{1}{2}$, während die Wahrscheinlichkeit für SS und eben so für WW nur $\frac{1}{4}$ ist.

Betrachtet man drei Ziehungen, so zerfällt jede der früheren vier gleich wahrscheinlichen Combinationen in zwei andere, indem zu jeder noch ein S oder W hinzukommt. Ihre Anzahl verdoppelt sich also, und die Wahrscheinlichkeit jedes Falles wird halb so groß, als sie früher war, also gleich $\frac{1}{8}$. Nimmt man dagegen auf

---

*) Schumacher's Astronomische Nachrichten. Band 15. Altona 1838.

die Reihenfolge nicht Rücksicht, so bleiben nur vier Fälle übrig, nämlich

$$SSS \qquad SSW \qquad SWW \text{ und } WWW.$$

Jeder der beiden mittleren hat sich aus 3 gleich wahrscheinlichen Ziehungen zusammengesetzt, indem W und S eben so oft ihre Stelle ändern können. Die Wahrscheinlichkeiten für diese vier Fälle sind demnach $\frac{1}{8}$, $\frac{3}{8}$, $\frac{3}{8}$ und $\frac{1}{8}$.

Das Gesetz, wonach diese Ausdrücke für die Wahrscheinlichkeit der verschiedenen Verbindungen sich bilden, ist sehr einfach und ergiebt sich unmittelbar aus der Potenzirung eines Binomiums. Indem bei der ersten Ziehung 2 gleich wahrscheinliche Fälle möglich sind, und bei jeder folgenden die Anzahl derselben sich verdoppelt, so giebt es bei ν Ziehungen 2^ν gleich wahrscheinliche Fälle, und die Wahrscheinlichkeit eines jeden ist gleich 1 dividirt durch 2^ν. Diese Combinationen sind indessen zum Theil nur durch die Stelle der S und W verschieden, und indem man diese nicht berücksichtigt, so vereinigen sie sich zu derselben Gruppe. Dasselbe geschieht, wenn das Binomium $S + W$ zu irgend welcher Potenz erhoben wird, wobei auch die Stellung der Factoren ohne Einfluß ist, und sonach dieselben Glieder mehrfach vorkommen, oder mit den bekannten Binomial-Coefficienten versehn werden. Indem bei jeder neuen Ziehung, zu jeder möglichen Combination noch ein S und ein W hinzukommt, so verändern sich die Combinationen genau in derselben Art wie die Glieder des Binomiums, sobald der Exponent um 1 wächst.

Hiernach ist bei ν Ziehungen die Anzahl der Combinationen gleich $\nu + 1$ und die Zähler der Ausdrücke für die Wahrscheinlichkeiten sind

$$\nu \ldots \ldots \qquad \text{für 1 weiße und } \nu - 1 \text{ schwarze Kugeln}$$

$$\frac{\nu \cdot \nu - 1}{1 \cdot 2} \qquad - \ 2 \quad - \quad - \ \nu - 2 \quad - \quad -$$

$$\frac{\nu \cdot \nu - 1 \cdot \nu - 2}{1 \cdot 2 \cdot 3} \quad - \ 3 \quad - \quad - \ \nu - 3 \quad - \quad -$$

und so fort.

Indem die Beobachtungsfehler den Unterschieden zwischen den schwarzen und weißen Kugeln entsprechen, so ergiebt sich schon aus der symmetrischen Reihenfolge der Binomial-Coefficienten, daß positive und negative Fehler gleich wahrscheinlich, und die Fehler um so wahrscheinlicher werden, je kleiner sie sind. Die in der Mitte der ganzen Reihe stehende Combination, worin $\frac{1}{2}\nu$ schwarze und eben so viele weiße Kugeln vorkommen, oder wo die Differenz zwischen beiden, also der Beobachtungsfehler gleich Null ist, ist sogar die wahrscheinlichste von allen.

Am unwahrscheinlichsten sind die beiden Fälle, daß nur schwarze oder nur weiße Kugeln gezogen werden. Alsdann steigert sich die Differenz zwischen beiden auf die ganze Anzahl der Züge, oder nach der obigen Auffassung würde der Fehler in der Beobachtung gleich der Summe der unendlich vielen elementären Fehler, also so groß werden, wie derselbe in Wirklichkeit nie ist. Die Wahrscheinlichkeit dafür ist aber unendlich geringe, und dieses ist der Grund, weshalb er niemals vorkommt. Schon für hundert gleiche Züge ist diese Wahrscheinlichkeit (nach § 4) überaus geringe, nämlich 1 dividirt durch

$$2^{100}$$

oder durch

1 267650 600228 229401 496703 205376.

Um diese geringe Wahrscheinlichkeit zu versinnlichen, wähle man das Aufwerfen von hundert Münzen, statt des hundertmaligen Ziehens aus der Urne, weil letzteres zu zeitraubend sein würde. Die Wahrscheinlichkeit für das gleichzeitige Erscheinen von allen Schrift- oder allen Bildflächen ist aber eben so groß, wie für 100 schwarze oder weiße Kugeln. Gesetzt daß man in jeder Secunde einmal die Münzen aufwerfen könnte und ununterbrochen das Spiel fortsetzte, so würde man in einem Jahre doch nur 31 550 000 Würfe machen, es wäre also durchaus nicht zu erwarten, daß man die sämmtlichen Bildflächen träfe. Aber selbst wenn alle menschlichen Bewohner der Erde oder 1000 Millionen Menschen mit derselben Schnelligkeit und ohne Unterbrechung Tag und Nacht hindurch dieses Spiel trieben, so würde dennoch nicht etwa in einem Jahre oder in einem Jahrhunderte ein solcher Wurf vorkommen, sondern man könnte nur 1 gegen 1 wetten, daß in 40 Billionen Jahren einmal alle Bildflächen erscheinen. Hiernach erklärt es sich, daß die sehr großen Fehler, wenn sie auch denkbar sind, doch in der Wirklichkeit nicht vorkommen.

§ 14.

Man denke die sämmtlichen Combinationen der schwarzen und weißen Kugeln, die bei ν Zügen möglich sind, der Reihe nach als Abscissen auf eine gerade Linie aufgetragen, und zwar so, daß der

Nullpunkt die Verbindung der sämmtlichen weifsen Kugeln bezeichnet, dafs in die Abscisse = 1 eine schwarze Kugel und $\nu - 1$ weifse treffen, in die Abscisse = 2 zwei schwarze und $\nu - 2$ weifse Kugeln, und so weiter. Durch diese Punkte ziehe man senkrechte Linien oder Ordinaten und gebe denselben solche Längen, dafs sie in beliebigem Maafsstabe der Wahrscheinlichkeit jeder betreffenden Combination entsprechen. Verbindet man nunmehr die Endpunkte dieser Ordinaten durch eine Curve, so wird letztere, sobald ν unendlich grofs ist, der Abscissenlinie sich asymptotisch anschliefsen, sich langsam von ihr entfernen, in der Mitte den gröfsten Abstand erreichen, und alsdann in derselben Art, wie sie aufstieg, sich wieder senken. Dafs die Curve diesen Zug verfolgt, ergiebt sich aus dem Gesetze der Binomial-Coefficienten, die bekanntlich jedesmal in gleicher Entfernung von der Mitte auch gleiche Gröfse haben. In der Mitte ist die Anzahl der schwarzen und weifsen Kugeln gleich grofs, also der Fehler gleich Null. Daher die Wahrscheinlichkeit ε dieser Combination gleich dem mittleren Binomial-Coefficienten der νten Potenz

$$= \frac{\nu \cdot \nu - 1 \cdot \nu - 2 \dots \cdot (\tfrac{1}{2}\nu + 2) \cdot (\tfrac{1}{2}\nu + 1)}{1 \cdot 2 \cdot 3 \dots \cdot (\tfrac{1}{2}\nu - 1) \cdot \tfrac{1}{2}\nu}$$

dividirt durch 2^ν, oder

$$\varepsilon = 2^{-\nu} \cdot \frac{\nu \cdot \nu - 1 \cdot \nu - 2 \dots \cdot (\tfrac{1}{2}\nu + 2) \cdot (\tfrac{1}{2}\nu + 1)}{1 \cdot 2 \cdot 3 \dots \cdot (\tfrac{1}{2}\nu - 1) \cdot \tfrac{1}{2}\nu}$$

In die Mitte der Figur kann aber nur in dem Falle eine Ordinate treffen, oder in der Reihe der Binomial-Coefficienten stellt sich ein in der Mitte liegender nur dar, wenn ν eine gerade Zahl ist. Zu diesem Zwecke setze man

$$\nu = 2n.$$

Alsdann ist die Ordinate in der Mitte

$$\varepsilon = 2^{-2n} \cdot \frac{2n \cdot 2n - 1 \cdot 2n - 2 \dots \cdot n + 2 \cdot n + 1}{1 \cdot 2 \cdot 3 \dots \cdot n - 1 \cdot n}$$

Eben so lassen sich auch die vorhergehenden und die nachfolgenden Ordinaten ausdrücken.

Es war angenommen, dafs ν Ziehungen stattfinden und die Abscissen immer um eine Einheit wachsen. Da nunmehr die Gröfse n eingeführt ist, daher unter Beibehaltung derselben Einheit die Abscissen um $\tfrac{1}{2}$ wachsen, so bezeichnet jede folgende Abscisse, dafs eine halbe schwarze Kugel hinzugekommen und eine halbe weifse fortgenommen ist, dafs also die Differenz beider sich um eine Kugel, oder der Beobachtungsfehler, der durch diese Differenz ausgedrückt wird, sich um einen elementären Fehler vergrößert hat.

Indem man die vorhergehenden und nachfolgenden Binomial-Coefficienten durch den mittleren ausdrückt, kann man auch die Wahrscheinlichkeiten für Fehler, die 1, 2, 3, ... elementären Fehlern gleich sind, durch ε oder durch die Wahrscheinlichkeit ausdrücken, daß der Fehler gleich Null sei. Man findet in dieser Weise die Wahrscheinlichkeit y

$$\text{für den Fehler} = 1 \ldots . y = \frac{n}{n+1} \cdot \varepsilon$$

$$- \quad - \quad - \quad = 2 \ldots . y = \frac{n \cdot n - 1}{n+1 \cdot n+2} \cdot \varepsilon$$

$$- \quad - \quad - \quad = 3 \ldots . y = \frac{n \cdot n - 1 \cdot n - 2}{n+1 \cdot n+2 \cdot n+3} \cdot \varepsilon$$

und allgemein für den Fehler $= m$

$$y = \frac{n \cdot n - 1 \cdot n - 2 \ldots . n - m + 2 \cdot n - m + 1}{n+1 \cdot n+2 \cdot n+3 \ldots . n+m - 1 \cdot n+m} \cdot \varepsilon$$

Bezeichnet man die nächst folgende Ordinate, oder die Wahrscheinlichkeit für den Fehler $m + 1$ mit y', so ist

$$y' = \frac{n \cdot n - 1 \cdot n - 2 \ldots . n - m + 2 \cdot n - m + 1 \cdot n - m}{n+1 \cdot n+2 \cdot n+3 \ldots . n+m - 1 \cdot n+m \cdot n+m+1} \cdot \varepsilon$$

$$= \frac{n - m}{n+m+1} \cdot y$$

daher

$$y' - y = - \frac{2m+1}{n+m+1} \cdot y$$

Indem nun nach der obigen Voraussetzung der Beobachtungsfehler oder m sich aus unendlich vielen elementären Fehlern zusammensetzt, so verschwindet dieser einzelne Fehler sowohl im Zähler, wie im Nenner des vorstehenden Ausdruckes. Aber auch das Verhältniß zwischen n und m ist kein endliches. Jeder wirklich vorkommende Fehler, dessen Wahrscheinlichkeit also nicht unendlich klein ist, bleibt nämlich unendlich klein gegen den größten denkbaren Fehler. Die Zahl der elementären Fehler oder n ist unendlich groß, daher ist auch die Anzahl der Binomial-Coefficienten, also der Ordinaten, und eben so die der entsprechenden Abscissen unendlich groß. Die Curve setzt sich folglich auf beiden Seiten ins Unendliche fort indem sich ihre beiden Schenkel asymptotisch der

Abscissen-Linie nähern. Der gröfste denkbare Fehler ist daher unendlich grofs gegen jeden noch zu erwartenden Fehler $m = x$, und
letzterer wieder unendlich grofs gegen den einzelnen elementären
Fehler, der bisher gleich 1 gesetzt wurde.

Hiernach verwandelt sich der vorstehende Ausdruck in

$$y' - y = - \frac{2x}{n} y$$

Bisher war angenommen, dafs die Fehler stufenförmig um die
unendlich kleine Einheit eines elementären Fehlers wachsen. Bei
der Continuität der Curve ist letzterer nichts Anderes, als dx,
und $y' - y$ wird alsdann gleich dy.

Die Curve umfafst alle möglichen Fehler von

$$x = - \infty \text{ bis } x = + \infty$$

die Wahrscheinlichkeit, dafs irgend einer derselben vorkommen wird,
der auch gleich Null sein kann, ist Gewifsheit, also $= 1$. Sonach
ist die Summe der sämmtlichen Ordinaten gleich 1. Diese Summe
stellt sich sehr einfach dar, indem man von den Linien zu den Flächen
übergeht und jede Ordinate mit dx multiplicirt. Alsdann ist y die
Wahrscheinlichkeit, dafs der Fehler zwischen x und $x + dx$ fallen
wird. Die Wahrscheinlichkeit, dafs der Fehler gröfser als a und
kleiner als b sein wird, ist gleich der Fläche zwischen den zu $x = a$
und $x = b$ gehörigen Ordinaten, und die Fläche der ganzen Curve,
also zwischen $x = - \infty$ und $x = + \infty$ oder

$$\int y \, dx = 1$$

Durch diesen Uebergang von den Linien zu Flächen verändert
sich der vorstehende Ausdruck in

$$dy = - \frac{2x}{n} y \, dx$$

$$\frac{dy}{y} = - \frac{1}{n} 2x \, dx$$

folglich $\log y = - \frac{1}{n} x^2 + \text{Const.}$

Für $x = 0$ wird aber $y = \varepsilon$

also $\text{Const.} = \log \varepsilon$

folglich

$$\log y = - \frac{1}{n} x^2 + \log \varepsilon$$

oder wenn man von den Logarithmen zu den Zahlen übergeht

$$y = \varepsilon \cdot e^{-\frac{xx}{u}}$$

wo e wie gewöhnlich die Grundzahl der natürlichen Logarithmen bedeutet und ε die gröfste Ordinate ist. Die Constante n charakterisirt die jedesmalige Beobachtungsart. Wenn es sich um eine Reihe gleichartiger Messungen oder Beobachtungen handelt, so kann man n jeden beliebigen Werth geben, es auch gleich 1 setzen, oder für x einen Maafsstab wählen, der im Verhältnifs von 1 zu $\sqrt{n}$ kleiner ist. Diese Aenderung ist unbedenklich, insofern die Abscissen und die Ordinaten ganz heterogene Gröfsen sind, die sich nicht in gleicher Art messen lassen. Es soll zunächst gezeigt werden, dafs ε in einfacher Beziehung zu n steht, also durch dieses ersetzt und dadurch der gefundene Ausdruck auf eine einzige Constante zurückgeführt werden kann.

§ 15.

Die vorstehend entwickelten Werthe für y enthalten ε oder die gröfste Ordinate als Factor, daher sind sie sämmtlich der letzteren proportional. Es ergiebt sich hieraus, dafs auch die ganze Fläche der Curve, welche das Vorkommen irgend eines Fehlers bezeichnet, also gleich 1 ist, gleichfalls ε proportional sein mufs. Man hat also, wenn c ein noch unbekannter Factor ist

$$1 = c \cdot \varepsilon$$

oder

$$c = \frac{1}{\varepsilon}$$

Folglich durch Einführung des früheren Werthes von ε

$$c = 2^{2n} \cdot \frac{1 \cdot 2 \cdot 3 \cdot \ldots \cdot n - 1 \cdot n}{2n \cdot 2n - 1 \cdot 2n - 2 \cdot \ldots \cdot n + 2 \cdot n + 1}$$

Setzt man n gleich 1, 2, 3. u. s. w. so findet man

$$\text{für } n = 1 \ldots c = 2^2 \cdot \frac{1}{2}$$

$$n = 2 \ldots c = 2^{2 \cdot 2} \cdot \frac{1 \cdot 2}{4 \cdot 3}$$

$$n = 3 \ldots c = 2^{2 \cdot 3} \cdot \frac{1 \cdot 2 \cdot 3}{6 \cdot 5 \cdot 4}$$

$$n = 4 \ldots c = 2^{2 \cdot 4} \cdot \frac{1 \cdot 2 \cdot 3 \cdot 4}{8 \cdot 7 \cdot 6 \cdot 5}$$

und so fort. Man bemerkt sogleich, daſs jeder folgende Werth für
c sich aus dem vorhergehenden, der zu *n* — 1 gehört, sich dadurch
bildet, daſs der Factor

$$2^2 \cdot \frac{n \cdot n}{2n \cdot 2n - 1} = \frac{2n}{2n - 1}$$

hinzukommt.

Geht man zu den Quadraten über, so muſs der zu *n* — 1 gehörige Werth von c^2 mit

$$\frac{2n \cdot 2n}{2n - 1 \cdot 2n - 1}$$

multiplicirt werden, um den zu *n* gehörigen darzustellen. Man hat
nämlich

$$\text{für } n = 1 \ldots c^2 = \frac{2}{1} \cdot 2$$

$$n = 2 \ldots c^2 = \frac{2 \cdot 2 \cdot 4}{1 \cdot 3 \cdot 3} \cdot 4$$

$$n = 3 \ldots c^2 = \frac{2 \cdot 2 \cdot 4 \cdot 4 \cdot 6}{1 \cdot 3 \cdot 3 \cdot 5 \cdot 5} \cdot 6$$

$$n = 4 \ldots c^2 = \frac{2 \cdot 2 \cdot 4 \cdot 4 \cdot 6 \cdot 6 \cdot 8}{1 \cdot 3 \cdot 3 \cdot 5 \cdot 5 \cdot 7 \cdot 7} \cdot 8$$

und so fort. Die Werthe von c^2 sind hier in der Art geschrieben,
daſs sie aus einem Bruche und einem Factor bestehen. Der Factor
ist immer gleich $2n$. Der Bruch nähert sich aber, wenn *n* gröſser
wird, immer mehr einem bestimmten Werthe. Sobald nämlich *n* um
eine Einheit wächst, so wird er mit

$$\frac{2n - 2 \cdot 2n}{2n - 1 \cdot 2n - 1}$$

multiplicirt und dieser Factor nähert sich bei zunehmendem *n* immer
mehr der Einheit, wodurch der Bruch einen constanten Werth annimmt, dieser ist aber nichts anders, als $\frac{1}{2}\pi$ oder die Länge des
Quadranten für den Radius 1. Die Herleitung dieses von Wallis
gegebenen Ausdruckes dürfte manchen Lesern unbekannt sein, woher
die nachstehende Mittheilung sich rechtfertigen wird.

Durch partielle Integration hat man

$$\int \frac{z^m \, dz}{\sqrt{(1 - z^2)}} = -\frac{1}{m} z^{m-1} \sqrt{(1 - z^2)} + \frac{m-1}{m} \int \frac{z^{m-2} \cdot dz}{\sqrt{(1 - z^2)}}$$

Man kann sonach dieses Integral auf ein anderes von gleicher
Form zurückführen, in welchem der Exponent um 2 Einheiten klei-

ner ist. Jenachdem der letztere gerade oder ungerade ist, bleibt er auch in den abgeleiteten Integralen gerade oder ungerade. Beide Fälle müssen besonders behandelt werden.

Wenn m eine ungerade Zahl ist, so enthalten die nach und nach gefundenen Glieder, die nicht unter dem Integral-Zeichen stehn, nur gerade Potenzen von z. Man hat

$$\int \frac{z\,dz}{\sqrt{(1-z^2)}} = -\sqrt{(1-z^2)} + C$$

$$\int \frac{z^3 \cdot dz}{\sqrt{(1-z^2)}} = -\left(\tfrac{1}{3}z^2 + \tfrac{2}{3}\right)\sqrt{(1-z^2)} + C$$

$$\int \frac{z^5 \cdot dz}{\sqrt{(1-z^2)}} = -\left(\tfrac{1}{5}z^4 + \frac{4}{3\cdot 5}z^2 + \frac{2\cdot 4}{3\cdot 5}\right)\sqrt{(1-z^2)} + C$$

$$\int \frac{z^7 \cdot dz}{\sqrt{(1-z^2)}} = -\left(\frac{1}{7}z^6 + \frac{6}{5\cdot 7}z^4 + \frac{4\cdot 6}{3\cdot 5\cdot 7}z^2 + \frac{2\cdot 4\cdot 6}{3\cdot 5\cdot 7}\right)\sqrt{(1-z^2)} + C$$

und so fort.

Wenn m dagegen eine gerade Zahl ist, so führt die Integration zu trigonometrischen Functionen. Der einfacheren Bezeichnung wegen setze man

$$\mathrm{arc}\,(\sin = z) = \varphi$$

Man hat alsdann

$$\int \frac{dz}{\sqrt{(1-z^2)}} = \varphi + C$$

$$\int \frac{z^2\,dz}{\sqrt{(1-z^2)}} = -\tfrac{1}{2}z\sqrt{(1-z^2)} + \tfrac{1}{2}\varphi + C$$

$$\int \frac{z^4 \cdot dz}{\sqrt{(1-z^2)}} = -\left(\tfrac{1}{4}z^3 + \frac{1\cdot 3}{2\cdot 4}z\right)\sqrt{(1-z^2)} + \frac{1\cdot 3}{2\cdot 4}\varphi + C$$

$$\int \frac{z^6\,dz}{\sqrt{(1-z^2)}} = -\left(\tfrac{1}{6}z^5 + \frac{1\cdot 5}{4\cdot 6}z^3 + \frac{1\cdot 3\cdot 5}{2\cdot 4\cdot 6}z\right)\sqrt{(1-z^2)} + \frac{1\cdot 3\cdot 5}{2\cdot 4\cdot 6}\varphi + C$$

und so fort.

Sucht man nun für die sämmtlichen Integrale die Werthe innerhalb der Grenzen $z = 0$ und $z = 1$, also für $\varphi = 0$ bis $\varphi = \tfrac{1}{2}\pi$, so verschwinden jedesmal alle Glieder bis auf eins. Dieses ist für $m = 0 \ldots$ gleich $\tfrac{1}{2}\pi$ und für $m = 1 \ldots$ gleich 1

- $m = 2 \ldots$ - $\dfrac{1}{2}\cdot\tfrac{1}{2}\pi$	- - $m = 3 \ldots$ - $\dfrac{2}{3}$
- $m = 4 \ldots$ - $\dfrac{1\cdot 3}{2\cdot 4}\cdot\tfrac{1}{2}\pi$	- - $m = 5 \ldots$ - $\dfrac{2\cdot 4}{3\cdot 5}$
- $m = 6 \ldots$ - $\dfrac{1\cdot 3\cdot 5}{2\cdot 4\cdot 6}\cdot\tfrac{1}{2}\pi$ -	- $m = 7 \ldots$ - $\dfrac{2\cdot 4\cdot 6}{3\cdot 5\cdot 7}$
- $m = 8 \ldots$ - $\dfrac{1\cdot 3\cdot 5\cdot 7}{2\cdot 4\cdot 6\cdot 8}\cdot\tfrac{1}{2}\pi$ -	- $m = 9 \ldots$ - $\dfrac{2\cdot 4\cdot 6\cdot 8}{3\cdot 5\cdot 7\cdot 9}$

und so weiter. Die Werthe sind einander so gegenüber gestellt, daſs *m* auf der rechten Seite um eine Einheit gröſser ist, als auf der linken. *m* und *m* + 1 nähern sich aber immer um so mehr, je gröſser *m* wird, und werden einander gleich, wenn *m* unendlich groſs ist, in diesem Falle sind auch die zugehörigen Werthe sich gleich. Beide haben alsdann bestimmte Zahlenwerthe angenommen, weil die jedesmal hinzukommenden Factoren

$$\frac{m-1}{m}$$

bei groſsem Werthe von *m* gleichfalls 1 geworden sind.

Man hat sonach

$$\frac{1 \cdot 3 \cdot 5 \cdot 7 \cdot 9 \cdots}{2 \cdot 4 \cdot 6 \cdot 8 \cdot 10 \cdots} \cdot \tfrac{1}{2}\pi = \frac{2 \cdot 4 \cdot 6 \cdot 8 \cdot 10 \cdots}{3 \cdot 5 \cdot 7 \cdot 9 \cdot 11 \cdots}$$

oder

$$\tfrac{1}{2}\pi = \frac{2 \cdot 2 \cdot 4 \cdot 4 \cdot 6 \cdot 6 \cdot 8 \cdot 8 \cdot 10 \cdot 10 \cdots}{1 \cdot 3 \cdot 3 \cdot 5 \cdot 5 \cdot 7 \cdot 7 \cdot 9 \cdot 9 \cdot 11 \cdots}$$

Dieses ist genau derselbe Bruch, der mit $2n$ multiplicirt c^2 darstellte. Man hat also

$$c^2 = \pi n$$

oder

$$c = \sqrt{(\pi n)}$$

da aber

$$c \varepsilon = 1$$

so ist

$$\varepsilon = \frac{1}{\sqrt{(\pi n)}}$$

oder

$$n = \frac{1}{\pi \cdot \varepsilon^2}$$

Der im vorigen Paragraph entwickelte Ausdruck für *y* verwandelt sich also in

$$y = \frac{1}{\sqrt{\pi} \cdot \sqrt{n}} e^{-\frac{xx}{n}}$$

In dieser Form hat Gauſs das Gesetz über die Wahrscheinlichkeit der Beobachtungsfehler ausgedrückt *).

---

*) *Theoria motus corporum coelestium.* Hamburg 1809. Gauſs leitete das Gesetz zuerst aus der Voraussetzung her, daſs das arithmetische Mittel der wahrscheinlichste Werth einer mehrfach gemessenen Gröſse sei. Encke wies im astronomischen Jahrbuche für 1834 nach, daſs man nur annehmen dürfe, das arithmetische Mittel aus zwei Messungen sei der wahrscheinlichste Werth der Gröſse. In der *Theoria combinationis observationum erroribus minimis obnoxiae*, Göttingen 1823, erklärte Gauſs jeden Beweis für die Richtigkeit der Voraussetzungen für entbehrlich, indem dieselben schon in sich begründet seien.

III. Abschnitt.
Die Methode der kleinsten Quadrate.

§ 16.

In vielen Fällen ergeben die Messungen oder Beobachtungen unmittelbar das gesuchte Resultat. Dieses geschieht, wenn es sich nur um die Auffindung einer einzigen unbekannten Größe handelt, wie zum Beispiel wenn die Entfernung zweier Punkte gemessen wird. Auch solche Messung ist jedesmal mit einem gewissen Fehler behaftet, woher die Wiederholungen im Allgemeinen verschiedene Resultate geben.

Häufig ist dagegen die Erscheinung, die man beobachtet, von mehreren Größen oder Kräften abhängig, deren Einfluß man kennt, so daß man die Abhängigkeit der Erscheinung von denselben analytisch ausdrücken kann. Alsdann treten die Unbekannten, die das Maaß des Einflusses bezeichnen, als Factoren, oder in anderer Form auf. Sollte aber die Art der Einwirkung unbekannt sein, so muß man verschiedene Hypothesen versuchen und für jede den betreffenden Ausdruck mit den Beobachtungen vergleichen.

Um das Vorkommen mehrerer Unbekannten durch ein Beispiel zu erläutern, mag wieder auf die Bewegung des Wassers in Röhren zurückgegangen werden. Nach der von Prony aufgestellten Theorie rührt der Widerstand des Wassers theils von einem gewissen Anhaften an die Röhrenwand und theils von der Reibung her. Dabei wird vorausgesetzt, daß der von der ersten Ursache herrührende Widerstand der ersten Potenz, die Reibung dagegen dem Quadrate der Geschwindigkeit proportional sei. Nimmt man auch auf den zur Erzeugung der Geschwindigkeit erforderlichen Druck Rücksicht, so ist derselbe gleichfalls in dem zweiten Gliede enthalten. Man hat also die Gleichung

$$h = r \cdot c + s \cdot c^2$$

wo h die Druckhöhe, c die Geschwindigkeit des Wassers in der Röhre und r und s die gesuchten unbekannten Factoren sind. Durch jede einzelne Beobachtung ist der zum jedesmaligen λ gehörige Werth von c gegeben.

Ist nur eine Beobachtung angestellt, so erhält man auch nur eine Bedingungs-Gleichung, aus der sich beide Unbekannte nicht berechnen lassen. Aus zwei Beobachtungen, oder allgemein, wenn die Anzahl der Beobachtungen eben so groß ist, als die der Unbekannten, so kann man die Werthe der letzteren zwar in voller Schärfe bestimmen, aber die Resultate sind durch die unvermeidlichen Beobachtungsfehler entstellt, über deren Größe, so wie über ihren Einfluß man sich kein Urtheil bilden kann, so lange jede Controle fehlt.

Der dritte Fall tritt endlich ein, wenn die Anzahl der Beobachtungen größer, als die der Unbekannten ist. Man kann bei zwei Unbekannten dieselben aus je zwei beliebig gewählten Beobachtungen berechnen, aber bei einer anderer Wahl erhält man eben wegen der Beobachtungsfehler andere Resultate, und es bleibt unentschieden, welche von diesen die richtigeren sind. Es entsteht die Frage, wie man die Beobachtungen am vortheilhaftesten zu verbinden hat, um die wahrscheinlichsten Werthe darzustellen. Diese Aufgabe löst die Wahrscheinlichkeits-Rechnung und zwar durch die Methode der kleinsten Quadrate.

Nach der früheren Herleitung (§ 15) ist bei irgend einer Beobachtungsart die Wahrscheinlichkeit, einen Fehler x zu begehn

$$y = \frac{1}{\sqrt{\pi}\sqrt{n}} e^{-\frac{xx}{n}}$$

und in derselben Weise drücken sich auch bei derselben Beobachtungsart die Wahrscheinlichkeiten y', y'', y''' ... für die Fehler x', x'', x''' ... aus.

In § 4 ist gezeigt worden, daß die Wahrscheinlichkeit des Zusammentreffens zweier, von einander unabhängiger Ereignisse dem Producte aus der Wahrscheinlichkeit des ersten in die des zweiten gleich ist. Betrachtet man noch ein drittes Ereigniß, so ist dieses als das zweite zu betrachten, nachdem die beiden ersten schon verbunden sind, und der Satz dehnt sich also dahin aus, daß die Wahrscheinlichkeit des Zusammentreffens jeder beliebigen Anzahl von Ereignissen dem Producte der Wahrscheinlichkeiten aller einzelnen gleich ist. Die Wahrscheinlichkeit des Zusammentreffens der Fehler x, x', x'' .... ist also

$$y \cdot y' \cdot y'' \ldots = \frac{1}{\sqrt{\pi}\sqrt{n}} e^{\frac{-xx - x'x' - x''x'' - \ldots}{n}}$$

Man sucht diejenige Wahrscheinlichkeit, die unter allen die gröfste ist, und diese stellt sich augenscheinlich heraus, wenn

$$xx + x'x' + x''x'' + \cdots$$

ein Minimum wird, oder wenn die Summe der Quadrate der übrig bleibenden Fehler ein Kleinstes ist.

Dieser Lehrsatz ist schon an sich von grofser Wichtigkeit, indem er sicher erkennen läfst, welche Hypothese über die Abhängigkeit der Erscheinungen von gewissen veränderlichen Gröfsen sich an die Beobachtungen am besten anschliefst, er gewährt aber auch die wesentliche Erleichterung der Rechnung, dafs man nicht durch versuchsweise Einführung verschiedener Werthe der Constanten die passendsten aufsuchen darf, sondern man diese für das zum Grunde gelegte Gesetz der Erscheinung aus den Beobachtungen direct berechnen kann.

§ 17.

Der einfachste Fall stellt sich dar, wenn die beobachtete Gröfse k der Summe verschiedener Glieder gleich ist, von denen jedes eine gemessene Gröfse oder eine Function derselben als Factor enthält, während die gesuchten Constanten die anderen Factoren dieser Glieder sind. In der Gleichung

$$k = ar + bs + ct + \cdots$$

kennt man die Gröfsen k, a, b, $c \ldots$ gesucht werden r, s, $t \ldots$

Sollte zu dieser Summe noch ein Glied kommen, das keine Unbekannte zum Factor hat, wie etwa bei Winkelmessungen der vorher bestimmte Collimations-Fehler, so kann man dieses sogleich von k abziehn, wodurch der Ausdruck wieder die angegebene Form annimmt.

Zur Erläuterung mag noch hinzugefügt werden, dafs nach dem im vorigen Paragraph gewählten Beispiele $k = h$, $a = c$, $b = c^2$ und $t = 0$ sein würde, weil nach der zum Grunde gelegten Hypothese die Druckhöhe sich nur aus zwei Gliedern zusammensetzt, von denen das eine die erste und das andre die zweite Potenz der Geschwindigkeit zum Factor enthält.

k ist indessen nicht in aller Schärfe beobachtet, vielmehr mit einem gewissen Fehler x versehn, so dafs die Gröfse k sich in $k + x$ verwandelt. Man hat also

$$x = -k + ar + bs + ct + \cdots$$

und in gleicher Art hat man für die übrigen Beobachtungen die
Fehler

$$x' = - k' + a'r + b's + c't + \cdots$$
$$x'' = - k'' + a''r + b''s + c''t + \cdots$$

und so fort. Die Anzahl dieser Gleichungen ist eben so groß, als
die der Beobachtungen.

Indem nun

$$xx + x'x' + x''x'' + \cdots = \Sigma$$

ein Minimum sein soll, so muß das Differenziale davon gleich Null
sein, daher

$$0 = d\Sigma = x\,dx + x'\,dx' + x''\,dx'' + \cdots$$

Man hat aber

$$x\,dx = (- k + ar + bs + ct + \cdots)(a\,dr + b\,ds + c\,dt + \cdots)$$

und in gleicher Weise die Ausdrücke für die übrigen Fehler.

Die gesuchten Constanten sind von einander unabhängig, daher
löst sich die Gleichnng

$$d\Sigma = 0$$

in so viele Gleichungen auf, als es Unbekannte giebt, nämlich

$$\frac{d\Sigma}{dr} = 0$$

$$\frac{d\Sigma}{ds} = 0$$

$$\frac{d\Sigma}{dt} = 0$$

und so fort. Führt man nun die Multiplication des Ausdruckes für
$x\,dx$ wirklich aus, so hat man

$$x\,dx = (- ka + aa \cdot r + ab \cdot s + ac \cdot t + \cdots)\,dr$$
$$+ (- kb + ab \cdot r + bb \cdot s + bc \cdot t + \cdots)\,ds$$
$$+ (- kc + ac \cdot r + bc \cdot s + cc \cdot t + \cdots)\,dt$$
$$+ \cdots$$

Ganz übereinstimmende Ausdrücke erhält man für $x'dx'$, $x''dx''$, ...
wobei nur k, a, b, c ... sich in k', a', b', c' ... so wie in k'', a'', b'',
c'' ... u. s. w. verwandeln. Man erhält alsdann durch Summirung
der Glieder, die dr zum Factor haben

$$0 = \frac{d\Sigma}{dr} = - (ka + k'a' + k''a'' + \cdots)$$
$$+ (aa + a'a' + a''a'' + \cdots) r$$
$$+ (ab + a'b' + a''b'' + \cdots) s$$
$$+ (ac + a'c' + a''c'' + \cdots) t$$
$$+ \cdots$$

In gleicher Weise stellen sich die Ausdrücke für $\frac{d\Sigma}{ds}$ und $\frac{d\Sigma}{dt}$ dar, und wenn man die Summe der gleichartigen Producte durch die Parenthese [ ] bezeichnet, so erhält man die Bedingungsgleichungen

$$0 = - [ka] + [aa]r + [ab]s + [ac]t + \cdots$$
$$0 = - [kb] + [ab]r + [bb]s + [bc]t + \cdots$$
$$0 = - [kc] + [ac]r + [bc]s + [cc]t + \cdots$$

u. s. w.

Die Anzahl dieser Gleichungen ist eben so groſs, als die der unbekannten Gröſsen r, s, t, ... die Werthe der letzteren lassen sich also in aller Schärfe finden und sie sind die wahrscheinlichsten, weil sie die kleinste Summe der Fehler-Quadrate darstellen [*]).

Um ein Beispiel von der Anwendung dieser Gleichungen zu geben, möge der Fall dienen, daſs die Grenze zwischen zwei Grundstücken unkenntlich geworden, man aber weiſs, daſs sie in einer gewissen Ausdehnung eine gerade Linie gebildet hat, und in dieser vier Punkte liegen, die sich annähernd als Grenzpunkte erkennen lassen. Nach einem beliebig gewählten Coordinaten-System messe man die Lage dieser Punkte und man finde

für $x = 0$ $y = 3,5$
$x = 88$ $y = 5,7$
$x = 182$ $y = 8,2$
$x = 274$ $y = 10,3$

Die gerade Linie, die diesen Punkten sich möglichst anschlieſsen soll, ist gegeben durch die Gleichung

$$y = r + x \cdot s$$

vergleicht man dieselbe mit der vorstehenden Formel

$$k = ar + bs + ct + \cdots$$

*) Diese Gleichungen wurden zuerst, jedoch ohne nähere Begründung. von Legendre angegeben und benutzt. *Nouvelles méthodes pour la détermination des orbites des comètes.* Paris 1806.

so ist

$$k = y$$
$$a = 1$$
$$b = x$$

Die Glieder, die $t \ldots$ enthalten, fallen fort.

Zur Bestimmung der wahrscheinlichsten Werthe von r und s hat man daher die beiden Bedingungs-Gleichungen

$$0 = -[y] + [1]r + [x]s$$

und

$$0 = -[xy] + [x]r + [xx]s$$

Bildet man die einzelnen Producte nach den durch die Messung gefundenen Gröfsen, und summirt man dieselben, so ergiebt sich

$$[y] = 27,7$$
$$[1] = 4$$
$$[x] = 544$$
$$[xy] = 4816,2$$
$$[xx] = 115944$$

Durch Einführung dieser Werthe in jene Gleichungen findet man

$$r = 3,525$$
$$s = 0,025$$

Die gesuchte wahrscheinlichste Grenze ist demnach für dasselbe Coordinaten-System durch die Gleichung

$$y = 3,525 + 0,025 \cdot x$$

gegeben. Berechnet man hiernach für die obigen x die zugehörigen y und vergleicht diese mit den gemessenen y, so ergiebt sich

	y berechnet	y gemessen	Fehler	Fehler-Quadrat
für $x = 0$	3,525	3,500	+ 0,025	0,000625
$= 88$	5,725	5,700	+ 0,025	0,000625
$= 182$	8,075	8,200	— 0,125	0,015625
$= 274$	10,375	10,300	+ 0,075	0,005625
			Summe	0,022500

Die Summe der Quadrate der übrig bleibenden Fehler beträgt also 0,0225 und ist geringer, als wenn man irgend eine andre gerade Linie gewählt hätte *).

---

*) Wie man durch graphische Darstellung und unter der Voraussetzung, dafs grofse Fehler viel unwahrscheinlicher sind, als kleine, ungefähr zu gleichen Resultaten gelangt, ergiebt sich aus manchen Aufsätzen von Lambert in dessen „Beiträgen zum Gebrauch der Mathematik. Berlin 1763“ und besonders aus der Abhandlung: „Theorie der Zuverlässigkeit der Beobachtungen und Versuche.“

§ 18.

Die Anwendung der Methode der kleinsten Quadrate ist im Allgemeinen um so zeitraubender, je gröfser die Anzahl der gesuchten Unbekannten und die der Beobachtungen ist, indem die aus Potenzen und Producten zusammengesetzten Summen sich alsdann vervielfältigen und zugleich aus mehr Gliedern bestehn. Von den Logarithmen-Tafeln wird man zur Darstellung der einzelnen Producte oder Potenzen Gebrauch machen, wenn die gemessenen Gröfsen k, a, b, c, ... durch mehrstellige Zahlen sicher gegeben sind, doch gemeinhin werden dabei fünf- oder selbst vierstellige Tafeln genügen. Nichts desto weniger ist der wiederholte Uebergang von den Zahlen zu den Logarithmen und umgekehrt mühsam und zeitraubend, woher eine andre Methode oft den Vorzug verdient.

Eine solche ist von Bessel angegeben*). Sie bezieht sich auf die Benutzung der Quadrat-Tabellen. Man kann aus diesen unmittelbar die Quadrate aa, bb, ... entnehmen, doch wäre dieser Vortheil von wenig Bedeutung, wenn man zur Darstellung der Producte ab, ac, ... noch die Logarithmen-Tafeln benutzen müfste.

Dieses läfst sich aber leicht vermeiden, indem auch die Producte sich aus denselben Tabellen ergeben. Man hat nämlich

$$ab = \frac{(a+b)^2 - a^2 - b^2}{2}$$

Die Quadrate von a und b gebraucht man schon zur Darstellung ihrer Summen, und sonach findet man bequem das Product ab, sobald man noch $(a+b)^2$ aufschlägt. Für ka ist das Verhältnifs freilich anders, insofern das Quadrat von k in jenen Gleichungen nicht vorkommt. Um ka zu finden mufs man die Quadrate von k und von $(k+a)$ suchen. Diese Mehr-Arbeit ist indessen nicht bedeutend, und gewährt schliefslich noch den sehr grofsen Vortheil einer sichern Controlle der ganzen Rechnung.

Die Erleichterung der Rechnung würde nicht eintreten, wenn man für jede einzelne Beobachtung die Producte ab, ka, ... entwickeln müfste, dieses ist aber nicht nothwendig. Unter Beibehaltung der oben gewählten Bezeichnung für die Summen hat man nämlich

$$[ab] = \frac{[(a+b)(a+b)] - [aa] - [bb]}{2}$$

---

*) In Schumacher's astronomischen Nachrichten. Band 17.

Man summirt also unmittelbar die einzelnen Quadrate und berechnet schließlich aus den Summen derselben, die großentheils schon
in jenen Bedingungs-Gleichungen vorkommen, die Summe der Producte ab.

Was die erwähnte schließliche Controlle betrifft, so braucht
man nur die Quadrate von

$$k + a + b + c + \cdots$$

aus den Tabellen zu entnehmen und die Summe derselben mit den
bereits ermittelten Summen zu vergleichen. Diese Summe ist nämlich

$$= [kk] + [aa] + [bb] + \cdots 2([ka] + [kb] + \cdots + [ab] + [ac] + \cdots)$$

Stellt sich hierdurch jene Summe wirklich dar, so ergiebt sich
daraus, daß nicht nur die einzelnen Quadrate und Producte richtig
berechnet sind, sondern daß auch in den sämmtlichen Summationen
kein Fehler vorgekommen ist.

Die Erleichterung und Sicherheit der Rechnung in dieser Weise
fand Bessel so groß, daß selbst in dem Falle, wenn die Größen k,
a, b, ... durch Logarithmen gegeben waren, er von diesen auf die
Zahlen überging und die Quadrat-Tabellen benutzte.

Man findet vielfach in den Taschenbüchern für Ingenieure und
in andern Handbüchern Quadrat-Tabellen mitgetheilt, dieselben sind
indessen für den vorliegenden Zweck nicht bequem eingerichtet, auch
nicht mit den Differenzen versehn, die man also beim Uebergange
zur folgenden Decimal-Stelle jedesmal suchen muß. Es schien deshalb angemessen eine passende Tabelle dieser Art hier beizufügen.
(Anhang A.)

Dieselbe ist auf 4 Decimal-Stellen beschränkt. In der ersten
Spalte enthält sie die Zahl, in der zweiten das zugehörige Quadrat
und in der dritten die Differenz gegen das nächst folgende Quadrat.
Die Zahlen, wie die Quadrate sind in der Form von Decimal-Brüchen
dargestellt, und zwar so, daß das Komma unmittelbar hinter der
ersten Ziffer steht. So ist zum Beispiel das Quadrat von 7,7777
nach der Tabelle gleich 60,4926. Für jede andre Stellung des Kom-
mas in der Zahl, findet man das Quadrat, indem man im Letztern
das Komma um die doppelte Anzahl von Stellen und zwar in gleichem Sinne versetzt. So findet man das Quadrat

von 77,777   gleich 6049,26

und eben so

von 0,77777	-	0,604926
von 0,077777	-	0,00604926
von 0,0077777	-	0,0000604926

In dieser Weise lassen sich leicht die Quadrate sowohl von ganzen Zahlen, wie auch von solchen, die mit Decimal-Brüchen versehn sind, und eben so auch diejenigen von ächten Decimal-Brüchen entnehmen. Der erste Theil der Tabelle von 0,00 bis 1,00 war an sich entbehrlich, da die betreffenden Quadrate im folgenden Theile mit gröfserer Schärfe angegeben sind, er ist indessen mit aufgenommen, da häufig in einzelnen Beobachtungen die gemessnen Gröfsen sehr klein und zugleich wenig sicher sind, und man in solchem Falle die Quadrate hier entnehmen kann, ohne dafs das Decimal-Komma eine von den übrigen Messungen abweichende Stelle zu erhalten braucht. Indem aber für die Zahlen, die wenig gröfser, als 10 oder 1 sind, die doch am häufigsten vorkommen, die Quadrate bei der Herleitung aus den Quadraten von 1,00 u. s. w. nicht dieselbe Schärfe haben, wie für die vorhergehenden Zahlen, so ist die Tabelle noch etwas über 10 hinaus fortgesetzt.

Schliefslich mufs noch darauf aufmerksam gemacht werden, dafs es ohne Zweck ist, die Rechnung mit viel gröfserer Schärfe zu führen, als die Messungen selbst haben. Wenn also etwa die dritte Stelle in der Messung unsicher ist, so geben die Quadrate in vier Ziffern ausgedrückt schon genügende Sicherheit. Sonach dürfte die hier mitgetheilte Tabelle, welche mit Benutzung der beigefügten Differenzen, die fünfte Stelle angiebt, für alle Fälle der Anwendung hinreichende Schärfe besitzen.

Bei zahlreichen Beobachtungen enthalten die Summen der Quadrate oder der Producte gemeinhin eine gröfsere Anzahl von Ziffern als die einzelnen Glieder. Indem man diese Summen in die Bedingungsgleichungen einführt, darf man bei Berechnung der Constanten die schon erreichte Schärfe nicht mehr aufgeben. Dieses verbietet sich auch noch aus einem andern Grunde. In der weiteren Rechnung werden nämlich aus je zwei Gleichungen, die nicht selten nahe dieselben sind, einzelne Glieder eliminirt. Man kommt also zu sehr kleinen Differenzen, aus welchen man eine Unbekannte berechnen soll. Eine geringe Ungenauigkeit der Rechnung hat daher schon grofsen Einflufs auf das Resultat, und letzteres stellt sich leicht als ganz unbrauchbar heraus, wenn in Folge solcher Ungenauigkeit dieselbe Summe in einer Bedingungs-Gleichung einen etwas andern Werth erhalten hat, als in der andern. Hiernach ist es nothwendig, bei Berechnung der Constanten aus den Bedingungs-Gleichungen sich solcher Logarithmen-Tabellen zu bedienen, welche der Schärfe der ermittelten Summen vollständig entsprechen.

§ 19.

Ein Zahlen-Beispiel mag diese Rechnungsart erläutern. Eine gemefsne Gröfse k sei von einer Variabeln e in der Art abhängig, dafs

$$k = r\,e + s\,e^2$$

Die constanten Factoren r und s sollen aus den Beobachtungen bestimmt werden. Vergleicht man diesen Ausdruck mit dem § 17 gegebenen, so ist

$$a = e$$
$$b = e^2$$

und da nur zwei Glieder vorkommen, so braucht man auch nur aa, bb, ab, ka und kb für jede Beobachtung zu berechnen.

Die Messungen haben ergeben

für $e =$	0,33	$k =$	2,51
$=$	1,04	$=$	5,23
$=$	1,32	$=$	6,12
$=$	2,06	$=$	7,97
$=$	2,60	$=$	8,81
$=$	3,14	$=$	9,10
$=$	3,82	$=$	8,26
$=$	4,13	$=$	8,04

Die Werthe von $b = e^2$ und $bb = e^2 \cdot e^2$ ergeben sich unmittelbar aus der Tabelle

$b =$	0,109	$bb =$	0,01
$=$	1,082	$=$	1,17
$=$	1,742	$=$	3,03
$=$	4,244	$=$	18,01
$=$	6,760	$=$	45,70
$=$	9,860	$=$	97,22
$=$	14,592	$=$	212,92
$=$	17,057	$=$	290,94
$[b] = \overline{[aa]} = $ 55,446		$[bb] = $ 669,00	

Der erste Werth bb kann nach der Tabelle zwar noch genauer angegeben werden, die gröfsere Schärfe wäre jedoch hier ohne Zweck, weil die letzten Werthe von bb sich nur in Hunderttheilen der Einheit ausdrücken lassen. Selbst diese letzte Decimal-Stelle hätte vernachlässigt werden können, da die Untersuchung der wahrscheinlichen Fehler, wovon im Folgenden die Rede sein wird, ergiebt, dafs die Beobachtungen nicht den Grad der Genauigkeit besitzen, mit dem die Rechnung hier geführt ist. Man überzeugt sich auch leicht, daß für diese Beobachtungen, von denen keine bis auf ein Tausendtheil ihres Werthes genau angegeben ist, schon vierstellige Quadrate genügt hätten, wodurch die Rechnung wesentlich erleichtert worden wäre.

In derselben Art findet man

$$[kk] = 427{,}92$$
$$[(k+a)(k+a)] = 777{,}38$$
$$[(k+b)(k+b)] = 2011{,}6$$
$$[(a+b)(a+b)] = 1098{,}3$$

Hieraus kann man nach der im vorigen Paragraph bezeichneten Methode leicht die Summen der Producte darstellen, nämlich

$$[ak] = \frac{[(k+a)(k+a)] - [kk] - [aa]}{2}$$
$$= 147{,}01$$

und eben so

$$[bk] = 457{,}33$$
$$[ab] = 186{,}92$$

Wenn man nun behufs der Controlle noch

$$[(k+a+b)(k+a+b)]$$

sucht, so findet man, daß dieses

$$= 2734{,}88$$

wogegen die früher berechneten Quadrate und Producte ergeben

$$[kk] + [aa] + [bb] + 2([ak] + [bk] + [ab]) = 2734{,}89$$

Die Uebereinstimmung beider Zahlen ist zufällig sogar größer, als man erwarten konnte, woher die Rechnung in allen Theilen richtig ist.

Aus den gefundenen Summen

$$[aa], [bb], [ab], [ak] \text{ und } [bk]$$

kann man nun nach den obigen Bedingungs-Gleichungen (§ 17) und zwar mittelst 5stelliger Logarithmen-Tafeln die wahrscheinlichsten Werthe der Unbekannten berechnen. Man findet darnach

$$r = 5{,}9735$$
$$r = -0{,}9851$$

also

$$k = 5{,}9735 \cdot e - 0{,}9851 \cdot e^2$$

und wenn man für e die gemessenen Werthe einführt

e	k berechnet	k beobachtet	Differenz	Quadrat
0,33	1,86	2,51	− 0,65	0,422
1,04	5,15	5,23	− 0,08	,006
1,32	6,16	6,12	+ 0,04	,002
2,06	8,12	7,97	+ 0,15	,023
2,60	8,87	8,81	+ 0,06	,004
3,14	9,04	9,10	− 0,06	,004
3,82	8,45	8,26	+ 0,19	,036
4,13	7,86	8,04	− 0,18	,032

Summe 0,529

Man darf die vorstehenden Differenzen nicht als die wirklichen Beobachtungsfehler ansehn, indem die für r und s gefundenen Werthe nicht die wahren, sondern nur die wahrscheinlichsten sind. Es wird später (§ 30) gezeigt werden, wie man aus diesen Differenzen auf die Gröfse der wirklichen Beobachtungs-Fehler schliefsen, und die wahrscheinlichen Fehler der gefundenen Constanten r und s berechnen kann.

Vergleicht man die Differenzen unter sich, so könnte man leicht vermuthen, dafs die starke Abweichung der ersten Beobachtung, die also an sich sehr unwahrscheinlich ist, durch andere Werthe von r und s vermindert werden könnte. Dieses ist jedoch hier nicht der Fall, weil die zum Grunde gelegte Gleichung die Bedingung enthält, dafs für $e = 0$ auch $k = 0$ ist. Hiernach mufs angenommen werden, dafs die erste Messung mit einem starken Fehler behaftet ist, der bei der geringen Gröfse von e und k sich auch erklärt.

Man darf, so lange man eines Irrthums sich nicht bewufst ist, eine abweichende Beobachtung nicht als falsch ansehn und sie deshalb ausschliefsen. Allerdings geschieht dieses nicht selten, doch rechtfertigt es sich keineswegs, denn eines Theils sind möglicher Weise die unter einander übereinstimmenden Beobachtungen weniger richtig, als die abweichenden, sodann aber wird bei diesem Verfahren die Sicherheit des Resultates viel gröfser dargestellt, als sie wirklich ist. Die Täuschung, die man durch Verschweigen von Messungen begeht, läfst sich eben so wenig entschuldigen, als wenn man Messungen fälschen oder fingiren wollte.

§ 20.

Die bisher den Beobachtungen zum Grunde gelegte Form

$$k = ar + bs + ct + \cdots$$

worin die Unbekannten als einfache Factoren in den verschiedenen Gliedern vorkommen, stellt sich keineswegs in allen Fällen dar, doch lassen sich jedesmal ·auch andre Ausdrücke auf diese Form zurückführen.

Sollte ein Glied das Product oder den Quotient zweier Unbekannten enthalten, von denen die eine noch in einem andern Gliede auftritt, so hindert nichts, dieses Product oder diesen Quotient als eine einfache Unbekannte anzusehn, die sich zerlegen läfst, sobald man einen Theil derselben als zweite Unbekannte ermittelt hat. Hätte man zum Beispiel die Gleichung

$$k = ars + bs$$

so würden zunächst die wahrscheinlichsten Werthe von rs und von s berechnet werden, indem man aber hierauf den ersten durch den zweiten dividirt, so findet man r.

Nicht selten kommt eine Unbekannte in verschiedenen Potenzen vor, alsdann bleibt nur übrig, einen Näherungswerth dafür einzuführen und die Verbesserung desselben als die gesuchte Unbekannte anzusehn. Hat man zum Beispiel die Gleichung

$$k = ar^h + br + cs$$

so setze man

$$r = R + \varrho$$

wo R der Näherungswerth und ϱ die unbekannte Verbesserung desselben ist. Letztere muſs gegen den ersten so klein sein, daſs ihre höheren Potenzen vernachlässigt werden können. Alsdann ist

$$r^h = R^h + h \cdot R^{h-1} \varrho$$

und man erhält, indem man die bekannten Glieder vor das Gleichheits-Zeichen stellt,

$$k - aR^h - bR = \left(h \cdot R^{h-1} + b \right) \varrho + cs$$

Die Unbekannten ϱ und s sind alsdann durch diese Umformung einfache Factoren geworden, wie in der frühern Gleichung. Sollte sich schlieſslich für ϱ ein so groſser Werth ergeben, daſs dessen zweite Potenz nicht vernachlässigt werden darf, so bleibt nur übrig nunmehr $R + \varrho$ als den Näherungswerth anzusehn und unter Einführung desselben in gleicher Weise die schliefsliche Verbesserung zu berechnen.

Wenn eine Unbekannte als Exponent auftritt, so ist der einfachste Fall in der Form

$$k = r \cdot a^s$$

ausgedrückt. Man kann alsdann leicht die obige Form darstellen, indem

$$\log k = \log r + \log a \cdot s$$

Die Unbekannten sind alsdann $\log r$ und s, und nach der früheren Bezeichnung wird

$$k = \log k$$
$$a = 1$$
$$b = \log a$$

Bei dieser Art der Umformung tritt indessen das Bedenken ein, dafs nicht die Summe der Quadrate der Abweichungen von k, sondern von $\log k$ ein Minimum wird, was oft nicht statthaft ist, weil diese Abweichungen relativ sehr verschieden ausfallen und dadurch leicht einzelnen Beobachtungen ein überwiegend grofses Gewicht beigelegt wird, welches sie nicht haben. Diese Umformung ist aber auch nicht ausführbar, sobald noch ein zweites Glied hinzukommt, wie etwa der Ausdruck

$$k = r \cdot a^s + b\, t$$

Man mufs auch hier einen Näherungswerth einführen, und insofern derselbe dem wahren Werthe von s sehr nahe kommt, darf man die gesuchte Verbesserung als Differenzial von s ansehn. Bekanntlich ist

$$da^s = a^s \cdot \log\, \mathrm{nat}\, a \cdot ds$$

Wenn daher S den Näherungswerth bezeichnet, dessen Verbesserung σ man sucht, so hat man

$$a^s = a^{S+\sigma} = a^S + a^S \cdot \log\,\mathrm{nat}\, a \cdot \sigma$$

und folglich

$$k = a^S r + a^S \log a \cdot r\sigma + b\, t$$

Die drei Unbekannten sind alsdann r, $r\sigma$ und t. Durch Division der zweiten durch die erste ergiebt sich σ. Die gemessnen Größsen sind aber nach der obigen Bezeichnung

$$k = k$$
$$a = a^S$$
$$b = a^S \cdot \log\,\mathrm{nat}\, a$$
$$c = b$$

Es darf kaum erwähnt werden, daß man die natürlichen Logarithmen erhält, wenn man die Brigge'schen mit 2,3 oder wenn größere Genauigkeit erforderlich sein sollte, mit 2,3025 multiplicirt. Ob die Verbesserung σ zu S addirt, oder davon abgezogen werden soll, ergiebt sich unmittelbar aus dem Zeichen von σ.

Durch ähnliche Einführung von Näherungs-Werthen, die nur um sehr geringe Quantitäten von den wahren abweichen, kann man jeden vorliegenden Ausdruck so umformen, daß die Unbekannten entweder einzeln, oder die Producte derselben als Factoren in den verschiedenen Gliedern auftreten. Sollte sich jedoch schließlich ergeben, daß die Verbesserungen der Näherungswerthe noch bedeutende Größe haben, also ihre höheren Potenzen nicht vernachläßigt werden dürfen, so muß man unter Einführung des verbesserten Näherungs-Werthes die Rechnung wiederholen. Die ersten Näherungswerthe findet man leicht, indem man unter den vorliegenden Beobachtungen so viele auswählt, als Unbekannte vorhanden sind, und letztere aus jenen direct berechnet.

Schließlich muß noch darauf aufmerksam gemacht werden, daß man in dem letzten Beispiele, statt das Differenzial als die gesuchte Verbesserung anzusehn, auch von der Taylor'schen Reihe hätte ausgehn können, wodurch man auf dieselbe Umformung gekommen wäre, sobald man die folgenden Glieder vernachlässigt hätte.

§ 21.

Die vorstehend entwickelte Methode zur Auffindung der wahrscheinlichsten Werthe der Unbekannten beruht auf der Voraussetzung, daß die Wahrscheinlichkeit der sämmtlichen Fehler der zum Grunde gelegten Beobachtungen gleich groß oder daß in allen Messungen der Werth von n in der Gleichung

$$y = \frac{1}{\sqrt{\pi} \cdot \sqrt{n}} e^{-\frac{xx}{n}}$$

derselbe bleibt, daß also abgesehn von der zufälligen Größe der Fehler, nicht ein Theil der Messungen schärfer ist, oder ein weit genaueres Resultat erwarten läßt, als ein anderer. Diese Gleichmäßigkeit findet oft nicht statt, wenn auch die Beobachtungs-Art dieselbe ist.

So kommt es bei hydraulischen Messungen nicht selten vor, daß in derselben Beobachtungs-Reihe die großen Geschwindigkei-

ten und grofsen Druckhöhen wegen der nothwendigen Abkürzung
des Versuches nicht so genau zu bestimmen sind, wie die kleineren.
Wenn aber in jener Gleichung k die Druckhöhe, a und b dagegen
gewisse Functionen der Geschwindigkeit sind, so hängen die Summen der Producte und Potenzen vorzugsweise von diesen überwiegend grofsen, aber am wenigsten sichern Beobachtungen ab, und
die genaueren Messungen, die sich auf die kleineren Geschwindigkeiten beziehn, verlieren dagegen grossentheils ihren Einflufs.
Jene Bedingung wird also in diesem Falle keineswegs erfüllt, vielmehr ist die Wahrscheinlichkeit eines gleich grofsen Fehlers sehr
verschieden.

Oft läfst sich eine Ausgleichung dadurch herbeiführen, dafs man
in jeder Beobachtung alle gegebenen Gröfsen durch eine derselben
dividirt, also etwa statt

$$k = ar + bs$$

die Gleichung

$$\frac{k}{a} = r + \frac{b}{a} s$$

wählt. Hierdurch gelingt es nicht selten, allen Messungen ungefähr
gleichen Werth zu geben und den überwiegenden Einflufs einzelner
aufzuheben. Nichts desto weniger darf man Aenderungen dieser
Art nicht willkührlich einführen, vielmehr ist jedesmal eine sorgfältige Ueberlegung erforderlich, ob die Wahrscheinlichkeit der Fehler
dieser Quotienten $\frac{k}{a}$ in den verschiedenen Beobachtungen noch dieselbe bleibt.

Demnächst ist darauf aufmerksam zu machen, dafs wenn auch
die Wahrscheinlichkeit der Fehler an sich gleich grofs ist, dennoch
einzelne Beobachtungen durch zufällige äufsere Umstände be-
günstigt werden können, und man schon bei der Messung die
Ueberzeugung gewinnt, dafs diese einen bedeutend höheren Grad
(oder im entgegengesetzten Falle einen viel geringeren) von Genauigkeit haben, als die übrigen. Dieses kann man am einfachsten berücksichtigen, wenn man solchen besonders scharfen Beobachtungen
doppelten Werth giebt, oder die einfache Beobachtung zweimal in
Rechnung stellt. Im entgegengesetzten Falle würde man alle Beobachtungen, mit Ausnahme der schlechtesten als doppelte betrachten.
Hat man aber schon während der Beobachtung sich von der
grofsen Unsicherheit einzelner Messungen überzeugt, so hindert nichts,
diese ganz unberücksichtigt zu lassen. Letzteres darf jedoch, wie

bereits erwähnt, nicht deshalb geschehn, weil man später bemerkt, daſs sie von den übrigen bedeutend abweichen.

§ 22.

Unter den verschiedenen Aufgaben, die nach der Methode der kleinsten Quadrate gelöst werden, wiederholt sich am häufigsten die mehrfache Messung derselben Gröſsen. In diesem Falle verwandelt sich die Gleichung in

$$k = r$$

indem $a = 1$, und die übrigen Unbekannten gleich Null werden. Man erhält demnach (§ 17) die einzige Bedingungsgleichung für den wahrscheinlichsten Werth von r

$$o = - [k] + [1] r$$

also

$$r = \frac{k + k' + k'' + \cdots}{m}$$

wo m die Anzahl der Messungen bedeutet.

Es ergiebt sich hieraus, daſs das arithmetische Mittel der wahrscheinlichste Werth einer mehrfach gemessenen Gröſse ist. Wie bereits erwähnt, legte Gauſs diesen Satz der Theorie der kleinsten Quadrate zum Grunde. Im Vorstehenden ist dieses nicht geschehn, und es war daher nöthig das Princip des arithmetischen Mittels durch die obigen Gleichungen zu begründen.

Es läſst sich auch unmittelbar nachweisen, daſs bei der Annahme des arithmetischen Mittels die Summe der Quadrate der Fehler ein Minimum wird.

$$[x x] = (r - k)^2 + (r - k')^2 + (r - k'')^2 + \cdots$$

Differenzirt man den Ausdruck, und setzt das Differenziale gleich Null, so erhält man

$$o = (r - k) + (r - k') + (r - k'') + \cdots$$

oder

$$r = \frac{k + k' + k'' + \cdots}{m}$$

Wäre in dem Ausdrucke für die Beobachtungen a nicht gleich 1, so würde die Bedingungs-Gleichung sein

$$o = - [k a] + [a a] r$$

und folglich

$$r = \frac{[k a]}{[a a]}$$

IV. Abschnitt.

Der wahrscheinliche Fehler.

§ 23.

Wenn auch nach dem Gesetze über die Wahrscheinlichkeit der verschiedenen Fehler die Grenzen der letzteren in allen Fällen dieselben sind, nämlich null und unendlich, so ist dennoch die Sicherheit der verschiedenen Beobachtungs-Arten sehr verschieden. Mit einem bessern Instrumente und bei gröfserer Uebung wird man ohne Zweifel richtiger messen, als im entgegengesetzten Falle. Die Schärfe jeder Beobachtungs-Art ist in dem (§ 15) entwickelten Ausdruck für die Wahrscheinlichkeit des Vorkommens eines gewissen Fehlers x durch die Gröfse n gegeben. Die eigentliche Bedeutung von n war aber die Anzahl der unendlich vielen theils positiven und theils negativen elementären Fehler, aus deren Verbindung die Beobachtungs-Fehler entstehn.

Ferner ist nachgewiesen, dafs zwischen diesem n und der Wahrscheinlichkeit, dafs der Fehler gleich Null sei, die mit ε bezeichnet wurde, eine sehr einfache Beziehung besteht. Man könnte sonach auch diese Wahrscheinlichkeit, oder wie es oben gezeigt ist, die gröfste Ordinate der Curve zum Maafs der Schärfe der verschiedenen Beobachtungs-Arten wählen. n ist indessen unendlich grofs und ε unendlich klein, aufserdem ist die Bedeutung beider Gröfsen nicht so klar, als wenn man durch einen gewissen charakteristischen Fehler unmittelbar die Schärfe der Messung bezeichnet.

Am einfachsten erscheint es, hierzu den mittleren Fehler zu wählen, also die Summe der sämmtlichen Fehler dividirt durch ihre Anzahl. Zunächst mache man die Voraussetzung, dafs wirklich alle verschiedenen Fehler vorkommen, oder dafs die Anzahl der Beobachtungen unendlich grofs ist. Die Wahrscheinlichkeit einen Fehler zu begehn, der zwischen den Grenzen x und $x + dx$ fällt, war $y\,dx$, dieser Ausdruck bezeichnet nach der vorstehenden Annahme aber auch die Anzahl der Fehler von dieser Größe. Die Anzahl der gesammten Fehler ist demmach

$$= \int y\,dx, \text{ von } x = -\infty \text{ bis } x = +\infty$$

Die Summe der Fehler ist gleich der Summe der Producte jedes Fehlers in die Wahrscheinlichkeit seines Vorkommens, also

$$= \int y\,x\,dx$$

und zwar wieder innerhalb derselben Grenzen.

Das erste Integral ist der Flächeninhalt der Curve, also innerhalb der angegebenen Grenzen ist es gleich 1. Das zweite dagegen ist

$$= \frac{1}{\sqrt{\pi} \cdot \sqrt{n}} \int e^{-\frac{xx}{n}} x\,dx$$

$$= -\frac{\sqrt{n}}{2\,\sqrt{\pi}}\, e^{-\frac{xx}{n}}$$

Der Werth dieses Integrals ist

$$\text{für } x = 0 \qquad \text{gleich} \quad -\frac{\sqrt{n}}{2\,\sqrt{\pi}}$$

$$\text{und für } x = \infty \qquad\qquad 0$$

$$\text{also von 0 bis } \infty \ = \frac{\sqrt{n}}{2\,\sqrt{\pi}}$$

$$\text{und von } -\infty \text{ bis } +\infty = \frac{\sqrt{n}}{\sqrt{\pi}}$$

Bei der Division durch die Anzahl der Fehler oder durch 1 ändert sich nicht der Werth und man hat sonach den mittleren Fehler m

$$m = \frac{\sqrt{n}}{\sqrt{\pi}} = 0{,}56420 \cdot \sqrt{n}$$

nach der obigen Herleitung (§ 15) kann man statt n auch ε einführen und man findet alsdann

$$m = \frac{1}{\pi\,\varepsilon}$$

Wenn dagegen nicht alle Fehler, sondern nur eine beschränkte Anzahl derselben vorkommen, so ist die wahrscheinlichste Voraussetzung, daß dieselben nach Maaßgabe ihrer Wahrscheinlichkeit sich vertheilen werden. Liegen daher μ Beobachtungen vor, so ist die Summe der betreffenden Fehler gleich

$$\mu \int y\,x\,dx$$

die Anzahl derselben ist aber gleich μ und folglich der mittlere Fehler m eben so groß, wie früher.

Hiernach läßt sich leicht jene charakteristische Größe n durch den mittleren Fehler m ersetzen, aber die Bestimmung desselben aus einer beschränkten Anzahl von Beobachtungen bleibt in sofern sehr unsicher, als die größeren Fehler, die doch weniger wahrscheinlich, als die kleineren sind, und daher seltener vorkommen, nur mit ihrem einfachen Werthe in Rechnung gestellt werden. Liegen viele Beobachtungen vor, so vermindert sich zwar dieser Uebelstand, aber vortheilhaft ist es unbedingt, einen andern charakteristischen Fehler zu suchen, dessen Werth auch aus einer geringen Anzahl von Messungen mit größerer Sicherheit sich bestimmen läßt.

§ 24.

Eine solche genauere Bestimmung wird möglich wenn man statt des mittleren Fehlers, das mittlere Fehlerquadrat wählt. Man quadrirt nämlich alle einzelnen Fehler, summirt die Quadrate, und dividirt ihre Summe durch die Anzahl der Fehler. Dieser Quotient ist das mittlere Fehlerquadrat, das durch qq bezeichnet wird. Hiernach hat man, unter der Voraussetzung, daß alle Fehler wirklich vorgekommen sind

$$qq = \frac{\int y \, x^2 \, dx}{\int y \, dx}$$

und zwar erstrecken sich beide Integrale von $-\infty$ bis $+\infty$. Der Nenner ist alsdann wieder $= 1$ und man hat

$$qq = \frac{1}{\sqrt{\pi} \cdot \sqrt{n}} \int e^{-\frac{xx}{n}} x^2 \, dx$$

Durch Ausführung der partiellen Integration findet man

$$qq = \frac{\sqrt{n}}{2 \sqrt{\pi}} \left(-e^{-\frac{xx}{n}} x + \int e^{-\frac{xx}{n}} dx \right)$$

Das erste Glied in der Parenthese verwandelt sich, wenn man die Potenz von e in die bekannte Reihe

$$e^x = 1 + \frac{x}{1} + \frac{x^2}{1 \cdot 2} + \frac{x^3}{1 \cdot 2 \cdot 3} + \cdots$$

auflöst, in

$$-\frac{x}{1 + \frac{xx}{n} + \frac{1}{2}\left(\frac{xx}{n}\right) + \frac{1}{6}\left(\frac{xx}{n}\right)^3 + \cdots}$$

und der Werth dieses Quotienten ist für $x = 0$ gleich Null, für $x = \infty$ aber gleichfalls Null. Das erste Glied fällt sonach innerhalb dieser Grenzen fort. Das zweite Glied in der Parenthese ist dagegen gleich

$$\sqrt{n} \cdot \sqrt{n} \int y\, dx$$

also

$$q\,q = \tfrac{1}{2} n \int y\, dx$$

Da aber dieses Integral innerhalb derselben Grenzen gleich 1 ist, so erhält man schließlich

$$q\,q = \tfrac{1}{2} n$$
$$q = \sqrt{\tfrac{1}{2}} \cdot \sqrt{n}$$
$$= 0{,}70711 \cdot \sqrt{n}$$

Der Fehler $x = q$ nimmt in der Curve eine sehr markirte Stelle ein, nämlich diejenige, wo die abwärts gekehrte Krümmung in die entgegengesetzte übergeht, oder wo die Neigung am größten ist. Die Neigung ist nämlich

$$\frac{d\,y}{d\,x} = -\frac{2}{n\sqrt{n} \cdot \sqrt{\pi}}\, e^{-\frac{xx}{n}} \cdot x$$

und wenn man diesen Ausdruck differenzirt und das Differenziale gleich Null setzt, so ergiebt sich

$$2\,x^2 = n$$

oder

$$x = \sqrt{\tfrac{1}{2}} \cdot \sqrt{n}$$

also übereinstimmend mit dem Werthe von q.

§ 25.

Es giebt endlich noch einen sehr wichtigen charakteristischen Fehler, nämlich den wahrscheinlichen Fehler. Derselbe bezeichnet diejenige Fehlergrenze, von der es eben so wahrscheinlich ist, daß sie überschritten, als daß sie nicht erreicht wird. Nennt man diesen Fehler w, so muß das Integral

$$\int y\, dx \quad \text{von } x = 0 \text{ bis } x = w$$

eben so groß sein, wie dasselbe von

$$x = w \text{ bis } x = \infty$$

ist. Indem aber beide Schenkel der Curve symmetrisch und die ganze von ihr eingeschlossene Fläche $= 1$ ist, so folgt die Bedingung, daſs dieses Integral zwischen $x = 0$ und $x = w$ gleich $\frac{1}{4}$ sein muſs. Zur einfacheren Bezeichnung setze man

$$\frac{x}{\sqrt{n}} = t$$

also

$$x = t\sqrt{n} \text{ und } dx = \sqrt{n} \cdot dt$$

Man hat alsdann

$$\int y\, dx = \frac{1}{\sqrt{\pi}} \cdot \int e^{-tt}\, dt$$

aber

$$e^{-tt} = 1 - \frac{t^2}{1} + \frac{t^4}{1 \cdot 2} - \frac{t^6}{1 \cdot 2 \cdot 3} + \cdots$$

Für die vorstehend angegebenen Grenzen erhält man nach Ausführung der Integration, indem

$$\tfrac{1}{4}\sqrt{\pi} = 0,4431135$$

$$0,4431135 = t - \tfrac{1}{3}t^3 + \tfrac{1}{10}t^5 - \tfrac{1}{42}t^7 + \tfrac{1}{216}t^9 - \tfrac{1}{1320}t^{11} + \tfrac{1}{9360}t^{13} - \cdots$$

Eine Constante kommt nicht hinzu, da für $t = 0$ jedes Glied gleich Null ist. Es kommt darauf an, denjenigen Werth von t zu finden, der dieser Gleichung entspricht. Indem man versuchsweise verschiedene Werthe für t einführt, findet man

$$t = 0,4769364^{*})$$

Von der Richtigkeit dieser Zahl kann man sich überzeugen, wenn man sie in die vorstehende Reihe einführt. Hieraus ergiebt sich nun der wahrscheinliche Fehler

$$w = 0,4769364 \cdot \sqrt{n}$$

Durch Verbindung mit den Ausdrücken für den mittleren Fehler (m) und für die Fehler-Quadrate (qq) findet man auch

$$w = 0,845332 \cdot m$$

und

$$w = 0,674486 \cdot q$$

Diese Beziehungen und namentlich die letzte, sind insofern sehr wichtig, als man aus einer Reihe von Beobachtungsfehlern den wahrscheinlichen Fehler nicht mit der nöthigen Sicherheit unmittelbar finden kann. Zu diesem Zwecke könnte man nur die sämmtlichen Fehler ohne Rücksicht auf das Zeichen nach ihrer Gröſse ordnen und denjenigen als den wahrscheinlichen ansehn, der die mittlere

---

*) Bessel in der Abhandlung über den Olbers'schen Cometen hat einen directen Weg zur Berechnung von t angegeben.

Stelle einnimmt. Es leuchtet indessen ein, daſs dabei keine gleich-mäſsige Berücksichtigung der sämmtlichen Fehler, sondern vorzugs-weise nur die des an dieser Stelle stehenden statt findet. Wenn aber eine gerade Anzahl von Fehlern vorliegt, so läſst sich gar kein bestimmter Werth des in der Mitte liegenden angeben und man kann vielmehr nur Grenzen bezeichnen, die vielleicht weit aus einander liegen. Weit sicherer ist es, das mittlere Fehler-Quadrat zu bestimmen und von diesem zum wahrscheinlichen Fehler überzugehn.

§ 26.

Der wahrscheinliche Fehler eignet sich vorzugsweise zur Einheit des Maaſses, worin die Fehler derselben Beobachtungs-Art gemessen werden. Die Fläche jener Curve, deren Abscissen die Fehler und deren Ordinaten die zugehörigen Wahrscheinlichkeiten darstellen, ist gleich 1. Führt man auſserdem als Längenmaaſs für die Abscissen den wahrscheinlichen Fehler ein, so lassen sich auch die Ordinaten in bestimmten Zahlenwerthen ausdrücken, und dieses gilt auch von den durch sie begrenzten Flächen. Das Letztere ist besonders insofern von groſser Wichtigkeit, als sich aus diesen Flächen unmittelbar entnehmen läſst, mit welcher Wahrscheinlichkeit man das Vorkommen von Fehlern erwarten darf, die gewisse Viel-fache, oder irgend welche aliquote Theile des wahrscheinlichen Feh-lers sind.

Indem die Flächen nach der Methode der mechanischen Qua-draturen berechnet werden, so muſs man zuerst die Ordinaten in geringen Abständen bestimmen. Dieses ist auch schon nothwendig, um ein anschauliches Bild von der Form der Curve zu gewinnen. Man hatte

$$y = \frac{1}{\sqrt{\pi} \cdot \sqrt{n}} e^{-\frac{xx}{n}}$$

dagegen war

$$w = 0{,}476936 \cdot \sqrt{n}$$

und indem

$$w = 1$$

gesetzt wird, folgt

$$n = 4{,}396218$$

Man kann hiernach für jedes beliebige x, das zugehörige y be-rechnen, und am leichtesten geschieht dieses logarithmisch.

$$\log y = -\log(\sqrt{\pi} \cdot \sqrt{n}) - \frac{xx}{n} \log e$$

Die Berechnung des ersten, constanten Gliedes macht keine Schwierigkeit, um aber das zweite Glied zu finden, muſs man nochmals zu den Logarithmen übergehn. Das zweite Glied ist nämlich die Zahl, die zu

$$\log xx - \log n + \log \log e$$

gehört. Die beiden letzten Glieder sind hier constant, und man braucht also in jedem Falle nur $\log xx$ aufzuschlagen.

Beispielsweise werde dasjenige y gesucht, das zu $x = 4{,}4$ gehört. Man hat alsdann

$$
\begin{aligned}
e &= 2{,}718282 \\
\log e &= 0{,}434294 \\
\log \log e &= 9{,}637784 \\
&= -0{,}362216 \\
\log n &= 0{,}643079 \\
\hline
\log \log e - \log n &= -1{,}005295
\end{aligned}
$$

Ferner

$$\log \sqrt{n} = 0{,}321540$$

und

$$\log \sqrt{\pi} = 0{,}248575$$

$$\overline{\log \sqrt{n} \cdot \sqrt{\pi} = 0{,}570115}$$

Dieses sind die vorbereitenden Rechnungen, von denen man bei Bestimmung aller y Gebrauch macht.

$$
\begin{aligned}
\text{Für } x &= 4{,}4 \text{ ist} \\
\log x &= 0{,}643453 \\
\log xx &= 1{,}286906 \\
-\log n + \log \log e &= -1{,}005295 \\
\hline
\log \log e^{\frac{xx}{n}} &= 0{,}281611 \\[4pt]
\log e^{\frac{xx}{n}} &= 1{,}91254
\end{aligned}
$$

also

$$
\log e^{-\frac{xx}{n}} = 8{,}08746
$$

$$
\begin{aligned}
\log \sqrt{\pi} \cdot \sqrt{n} &= 0{,}57011 \\
\hline
\log y &= 7{,}51735
\end{aligned}
$$

endlich

$$y = 0{,}0032912$$

Eben so sind die übrigen Werthe von y, die zu den verschiedenen x, von $x = 0$ bis $x = 7{,}6$ gehören, berechnet, und in der Tabelle (Anhang B) zusammengestellt.

Aus der hier beigefügten Figur ergiebt sich der Zug der Curve.

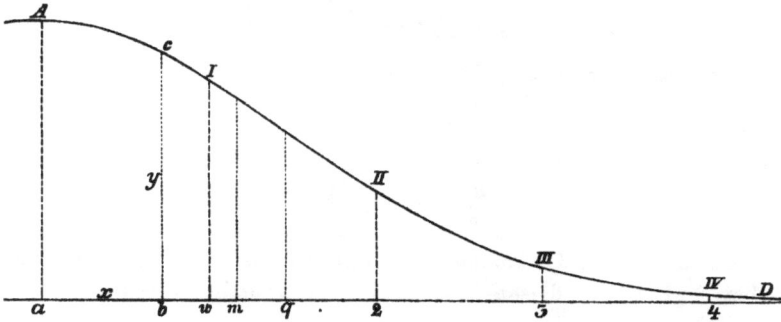

Ihr Scheitelpunkt befindet sich in *A* und an denselben schliefsen sich zwei symmetrische Schenkel an, die sich asymptotisch der Abscissen-Linie nähern. Die Figur zeigt nur einen derselben. *aw* ist der wahrscheinliche Fehler, so wie *a2*, *a3* · · · die Vielfachen desselben. *am* dagegen ist der ‚mittlere Fehler und *aq* die Wurzel aus dem mittleren Fehler-Quadrate.

§ 27.

Die Flächen $\int y\,dx$ lassen sich nunmehr durch **mechanische Quadratur** leicht aus den Werthen von *y* herleiten. Dabei pflegt man gewöhnlich gröfsere Flächen, die durch eine Reihe von Ordinaten gegeben sind, zusammenzufassen. Im vorliegenden Falle ist es aber Aufgabe, jeden einzelnen Abschnitt zwischen zwei zunächst liegenden Ordinaten zu berechnen, und daher empfiehlt es sich, diese kleinen Theile zu bestimmen, und sie demnächst zu summiren. In solcher Art werden die Resultate auch etwas genauer, indem die Aenderung des Differenzial-Quotienten in jeder einzelnen Ordinate berücksichtigt wird.

Der Ausdruck für die Fläche zwischen zwei zunächst stehenden Ordinaten *y* und *y'*, die zu den Abscissen *x* und *x'* gehören, ist bekanntlich, wenn

$$x' - x = \delta$$

gesetzt wird,

$$\int y\,dx = \tfrac{1}{2}(y + y')\,\delta - \tfrac{1}{12}\left(\frac{dy'}{dx} - \frac{dy}{dx}\right)\delta^2$$

oder wenn zugleich die negativen Fehler berücksichtigt werden, also die kleine Fläche sich verdoppelt

$$\int y\, dx = (y + y')\,\delta - \tfrac{1}{6}\left(\frac{dy'}{dx} - \frac{dy}{dx}\right)\delta^2$$

Man hat aber nach § 14

$$\frac{dy}{dx} = -2\,\frac{xy}{n}$$

und

$$\frac{dy'}{dx} = -2\,\frac{x'y'}{n}$$

Da ferner die Ordinaten in Abständen von 0,1 berechnet sind, so hat δ gleichfalls diesen Werth, und die gesuchte Fläche ist

$$\int y\, dx = 0,1\,(y - y') + \frac{0,01}{3\,n}\,(y'x' - yx)$$

oder wenn man für n den Zahlenwerth einführt

$$= 0,1\,(y - y') + 0,00075825\,(y'x' - yx)$$

Die Werthe von y und y', die zu den Fehlern x und x' gehören, werden unmittelbar aus der zweiten Spalte der Tabelle im Anhang *B* entnommen, wodurch diese Rechnung überaus einfach wird. Die so gefundenen kleinen Flächen werden alsdann zu der Summe aller vorhergehenden, bis zu $x = 0$, addirt. Diese Summe ist in der dritten Spalte der Tabelle enthalten, und sie drückt die Wahrscheinlichkeit aus, womit man erwarten kann, daß der Fehler nicht größer sei, als das entsprechende x, oder daß er zwischen $-x$ und $+x$ fallen wird.

§ 28.

Aus der erwähnten Tabelle im Anhang *B* läßt sich unmittelbar entnehmen, mit welcher Wahrscheinlichkeit man erwarten darf, daß ein Beobachtungsfehler ein gewisses Vielfache des wahrscheinlichen Fehlers nicht übersteigen wird. So ist zum Beispiel diese Wahrscheinlichkeit für das Dreifache des wahrscheinlichen Fehlers, gleich 0,957 also die Wahrscheinlichkeit, daß der Fehler größer sein wird, gleich 0,043. Man kann demnach

$$957 \text{ gegen } 43$$

oder

$$22\tfrac{1}{2} \text{ gegen } 1$$

wetten, daß der Fehler das Dreifache des wahrscheinlichen Fehlers nicht übersteigen wird.

In gleicher Weise berechnen sich die Einsätze, die man darauf
verwetten kann, daſs der einzelne Beobachtungs-Fehler gewisse
Vielfache von w nicht übersteigen. Nämlich

$2\frac{3}{4}$ gegen	1	für	$\frac{1}{2}w$
1 -	1	-	$1\,w$
1 -	$2\frac{1}{4}$	-	$1\frac{1}{2}w$
1 -	$4\frac{1}{4}$	-	$2\,w$
1 -	10	-	$2\frac{1}{2}w$
1 -	22	-	$3\,w$
1 -	54	-	$3\frac{1}{2}w$
1 -	142	-	$4\,w$
1 -	415	-	$4\frac{1}{2}w$
1 -	1341	-	$5\,w$
1 -	4807	-	$5\frac{1}{2}w$
1 -	19230	-	$6\,w$
1 -	83330	-	$6\frac{1}{2}w$
1 -	333330	-	$7\,w$
1 -	1000000	-	$7\frac{1}{2}w$

Auſserdem zeigt diese Tabelle auch, in welchem Verhältniſs die Fehler sich nach ihrer Gröſse vertheilen, oder
wie die Anzahl derselben bei zunehmender Gröſse innerhalb gewisser
gleich weit entfernter Grenzen sich vermindert. Hierdurch wird
Gelegenheit geboten, die Richtigkeit der Tabelle und der ganzen
vorgetragenen Theorie der Fehler durch die Erfahrung zu prüfen.
Es kommt nämlich nur darauf an, diese Zahlen mit einer gröſseren
Reihe von Beobachtungen zu vergleichen.

Bei Gelegenheit der Bestimmung des wahrscheinlichen Fehlers
von Bradley's Beobachtungen hat Bessel Vergleiche dieser Art angestellt*), und nachgewiesen, daſs die wirklichen Fehler sich in der That
sehr übereinstimmend mit diesen Gesetzen gruppiren. Beispielsweise
mögen hier die Fehler der geraden Aufsteigung der Sonne gegen
die Hauptsterne im kleinen Hunde und im Adler angeführt werden.

470 Beobachtungen dieser Art waren angestellt und aus der
Vergleichung derselben unter sich ergab sich der wahrscheinliche
Fehler der einzelnen Messung gleich 0,2637 Zeitsecunden. Indem
diese Gröſse als Einheit angenommen wird, so lassen sich nach der
erwähnten Tabelle die Verhältniſszahlen der Fehler berechnen, die
gewisse aliquote Theile oder Vielfache des wahrscheinlichen Fehlers

---

*) *Fundamenta astronomiae.* Seite 19 und 20.

überschreiten. Man kann die Grenzen auch in Secunden ausdrücken, dieses hat Bessel gethan und die relative Anzahl der Fehler gesucht, die unter 0,1 ... 0,2 ... 0,3 Secunden und so weiter fallen. Durch Subtraction wurde sodann die Anzahl der Fehler zwischen 0 und 0,1 ferner zwischen 0,1 und 0,2 Secunden und so weiter ermittelt, und es ergab sich

zwischen	Anzahl der Fehler berechnet	gezählt
0,0 und 0,1	95	94
0,1 und 0,2	88	88
0,2 und 0,3	78	78
0,3 und 0,4	64	58
0,4 und 0,5	49	51
0,5 und 0,6	35	36
0,6 und 0,7	24	26
0,7 und 0,8	16	14
0,8 und 0,9	9	10
0,9 und 1,0	5	7
über 1 Secunde	5	8

Die Uebereinstimmung dieser Zahlen zeigt deutlich, wie der Zufall, sobald vielfache Wiederholungen statt finden, den Gesetzen der Wahrscheinlichkeits-Rechnung folgt.

Es mag noch in einem andern Beispiele das Zutreffen dieser Gesetze nachgewiesen werden. Dasselbe bezieht sich freilich nicht auf Beobachtungsfehler, aber doch auf eine eben so zufällige Erscheinung, die sich in bestimmten Zahlenwerthen ausdrücken läfst. Aus vielfachen Wiederholungen kann man nämlich den normalen Werth mit grofser Wahrscheinlichkeit bestimmen und die jedesmalige Abweichung von diesem ist dem Beobachtungsfehler vergleichbar. Es wird dafür ein Beispiel gewählt, das jeder Leser in allen Einzelheiten leicht verfolgen und von der Richtigkeit der nachstehenden Angaben sich selbst überzeugen kann.

Eine solche ganz zufällige Erscheinung ist unter andern die Wiederholung eines gewissen Buchstaben. Am häufigsten wird das e gebraucht, daher empfiehlt es sich, dieses zu wählen. Jeder Baumeister besitzt Eytelweins Handbuch der Mechanik und Hydraulik und zwar vorzugsweise wohl noch die ältere Ausgabe von 1801. Die Vorrede zu . diesem Werke soll in Betreff der in jeder Zeile vorkommenden Anzahl der e untersucht werden, und zwar mit Einschlufs der Diphtongen ä, ö und ü, um gröfsere Zahlen zu erhalten. Die eingezogenen und abgebrochenen Zeilen bleiben unberücksichtigt, weil sie kürzer sind als die übrigen, und daher auch eine geringere Anzahl der *e* in ihnen zu vermuthen ist. Man findet alsdann 110 ganze Zeilen und darin wiederholt sich der Buchstabe *e* 886 mal, durchschnittlich kommt er sonach in jeder Zeile 8,06 mal oder sehr nahe 8 mal vor.

Die Abweichungen von dieser Anzahl sind

$$
\begin{array}{lcl}
26 & \text{mal gleich} & 0 \\
43 & \text{-} \quad \text{-} & 1 \\
24 & \text{-} \quad \text{-} & 2 \\
11 & \text{-} \quad \text{-} & 3 \\
4 & \text{-} \quad \text{-} & 4 \\
\text{kein} & \text{-} \quad \text{-} & 5 \\
2 & \text{-} \quad \text{-} & 6
\end{array}
$$

Die Summe der Quadrate dieser Abweichungen beträgt 374, das mittlere Fehlerquadrat ist also $3,40 = qq$, folglich $q = 1,844$ und die wahrscheinliche Abweichung

$$w = 0,6745 \cdot q$$
$$= 1,244$$

Die Tabelle im Anhange *B* ist für den wahrscheinlichen Fehler $= 1$ berechnet, man muß also die Grenzwerthe der *x*, die man sucht, durch 1,244 dividiren. Die Abweichungen von der normalen Anzahl sind immer ganze Zahlen, daher fallen diese Grenzwerthe auf die Mitte zwischen je zwei Zahlen. Man findet nun für

$$x = \frac{0,5}{1,244} = 0,445 \qquad \int y\,dx = 0,236$$

$$x = \frac{1,5}{1,244} = 1,334 \qquad\qquad = 0,631$$

$$x = \frac{2,5}{1,244} = 2,223 \qquad\qquad = 0,867$$

$$x = \frac{3,5}{1,244} = 3,113 \qquad\qquad = 0,964$$

$$x = \frac{4,5}{1,244} = 4,002 \qquad\qquad = 0,993$$

$$x = \frac{5,5}{1,244} = 4,892 \qquad\qquad = 0,999$$

Der erste Werth bezeichnet die Verhältniß-Zahl derjenigen Fehler, die kleiner als $\frac{1}{2}$, also gleich Null sind, der zweite derjenigen, die kleiner als $1\frac{1}{2}$, also kleiner als 2 sind. Zieht man den ersten von dem zweiten ab, so findet man die relative Anzahl der Fehler von der Größe 1, und diese mit der Anzahl der Beobachtungen, also der Zeilen oder mit 110 multiplicirt, ergiebt die absolute Zahl dieser Abweichungen. In derselben Art verfährt man mit den übrigen Werthen, und man erhält schließlich die nachstehende Anzahl der Abweichungen von verschiedener Größe.

	Anzahl derselben	
	berechnet	gezählt
Abweichung = 0	26,0	26
= 1	43,4	43
= 2	26,0	24
= 3	10,7	11
= 4	3,2	4
= 5	0,7	0
über 5	0,0	2

Die Uebereinstimmung ist auch hier der geringen Anzahl von Abzählungen unerachtet, durchaus befriedigend, und in denjenigen Gruppen, wo die Beobachtungen zahlreicher auftreten, sogar überraschend groß.

§ 29.

In gleicher Weise, wie die Schärfe der einzelnen Beobachtungen durch den wahrscheinlichen Fehler derselben bemessen wird, lassen sich aus diesen auch die wahrscheinlichen Fehler der daraus berechneten Constanten herleiten. Hierdurch allein gelangt man aber zu einem richtigen Urtheil über die Sicherheit der gewonnenen Resultate. Wenn man zum Beispiel nach der Methode der kleinsten Quadrate den Werth der Constante r gleich 0,5 gefunden hätte, ihr wahrscheinlicher Fehler aber 0,7 wäre, so dürfte man noch nicht 1 gegen 1 wetten, daß die zum Grunde gelegte Gleichung wirklich das Glied ar enthält.

Die wahrscheinlichsten Werthe der unbekannten Constanten $r, s, t, \ldots$ für welche also die Summe der Quadrate der übrig bleibenden Fehler ein Minimum ist, können leicht in der Art sich herausstellen, daß diese Summe sich wenig ändert, wenn die Constanten andere Werthe annehmen, indem einige sich vergrößern, andere sich verkleinern. In diesem Falle wären die gefundenen Werthe, wenn auch die wahrscheinlichsten, dennoch wenig sicher. Hierüber gewinnt man aber ein bestimmtes Urtheil, wenn man die wahrscheinlichen Fehler der berechneten Constanten ermittelt.

Es handle sich um einen Ausdruck worin drei Constanten vorkommen und man habe für diese nach der Methode der kleinsten Quadrate die Werthe r, s und t gefunden. Diese sind indessen nicht die richtigen, sondern mit den Fehlern ϱ, σ und τ behaftet, daher die wahren Werthe $r+\varrho$, $s+\sigma$ und $t+\tau$. Der wirkliche Fehler jeder einzelnen Beobachtung, der mit x' bezeichnet wird, ist daher

$$x' = -k + a(r+\varrho) + b(s+\sigma) + c(t+\tau)$$
$$= (-k + ar + bs + ct) + (a\varrho + b\sigma + c\tau)$$
$$x'x' = (-k + ar + bs + ct)^2$$
$$+ 2(-ak + aa \cdot r + ab \cdot s + ac \cdot t)\varrho$$
$$+ 2(-bk + ab \cdot r + bb \cdot s + bc \cdot t)\sigma$$
$$+ 2(-ck + ac \cdot r + bc \cdot s + cc \cdot t)\tau$$
$$+ (aa \cdot \varrho + ab \cdot \sigma + ac \cdot \tau)\varrho$$
$$+ (ab \cdot \varrho + bb \cdot \sigma + bc \cdot \tau)\sigma$$
$$+ (ac \cdot \varrho + bc \cdot \sigma + cc \cdot \tau)\tau$$

Das erste Glied dieses Ausdruckes ist nichts anderes, als das Quadrat der Differenz zwischen der beobachteten Gröfse k und dem Werthe derselben, der sich durch Einführung der wahrscheinlichsten Werthe r, s, t in die zum Grunde gelegte Bedingungs-Gleichung ergab. Diese Differenz wurde früher mit x bezeichnet.

Zur näheren Untersuchung der folgenden Glieder berechne man die Summen, die sich darstellen, indem die entsprechenden Ausdrücke für alle einzelnen Beobachtungen entwickelt werden. Man erhält alsdann unter Beibehaltung der früheren Bezeichnungs-Art

$$[x'x'] = [xx] + 2(-[ak] + [aa]r + [ab]s + [ac]t)\varrho$$
$$+ 2(-[bk] + [ab]r + [bb]s + [bc]t)\sigma$$
$$+ 2(-[ck] + [ac]r + [bc]s + [cc]t)\tau$$
$$+ \left([aa] + [ab]\frac{\sigma}{\varrho} + [ac]\frac{\tau}{\varrho}\right)\varrho\varrho$$
$$+ \left([ab]\frac{\varrho}{\sigma} + [bb] + [bc]\frac{\tau}{\sigma}\right)\sigma\sigma$$
$$+ \left([ac]\frac{\varrho}{\tau} + [bc]\frac{\sigma}{\tau} + [cc]\right)\tau\tau$$

Das zweite, dritte und vierte Glied dieses Ausdruckes enthalten in der Parenthese genau dieselben Werthe, die zur Darstellung der kleinsten Fehlerquadrate gleich Null gesetzt worden. Diese Glieder fallen also fort, und die drei letzten vereinfachen sich, wenn man die Bezeichnungen R, S und T einführt, nämlich

$$R = [aa] + [ab]\frac{\sigma}{\varrho} + [ac]\frac{\tau}{\varrho}$$

$$S = [ab]\frac{\varrho}{\sigma} + [bb] + [bc]\frac{\tau}{\sigma}$$

$$T = [ac]\frac{\varrho}{\tau} + [bc]\frac{\sigma}{\tau} + [cc]$$

Die vorstehende Gleichung wird daher

$$[x'x'] = [xx] + R \cdot \varrho\varrho + S \cdot \sigma\sigma + T \cdot \tau\tau$$

Um den wahrscheinlichen Fehler der ersten Constante zu finden, verändere man den Werth derselben um ϱ, und untersuche, welche Aenderungen die andern Constanten dadurch erfahren, oder wie groß σ und τ sein müssen, damit die Summe der übrig bleibenden Fehler-Quadrate wieder ein Minimum wird.

Der wirkliche Fehler war

$$x' = -k + a(r + \varrho) + b(s + \sigma) + c(t + \tau)$$

Nachdem man für ϱ einen bestimmten Werth angenommen hat, sind nur noch die beiden Aenderungen σ und τ unbekannt, und wenn man die Bezeichnung einführt

$$-K = -k + a(r + \varrho) + bs + ct$$

so folgt

$$x' = -K + b\sigma + c\tau$$

Dieser Ausdruck, der nur noch die beiden Unbekannten σ und τ enthält, wird wieder nach der Methode der kleinsten Quadrate behandelt. Die Bedingungs-Gleichungen dafür sind

$$0 = -[Kb] + [bb]\sigma + [bc]\tau$$
$$0 = -[Kc] + [bc]\sigma + [cc]\tau$$

Man hat aber

$$-[Kb] = -[kb] + [ab]r + [bb]s + [bc]t + [ab]\varrho$$

Die Summe der vier ersten Glieder war aber gleich Null, daher

$$-[Kb] = [ab]\varrho$$

und eben so findet man

$$-[Kc] = [ac]\varrho$$

Jene Bedingungs-Gleichungen verwandeln sich daher in

$$0 = [ab]\varrho + [bb]\sigma + [bc]\tau = S\sigma$$
$$0 = [ac]\varrho + [bc]\sigma + [cc]\tau = T\tau$$

Indem die Aenderungen σ und τ nicht gleich Null sind, so müssen für das wahrscheinlichste ϱ

$$S = T = 0$$

sein. Aus den beiden letzten Gleichungen ergiebt sich noch

$$\frac{\sigma}{\varrho} = \frac{[ac][bc] - [ab][cc]}{[bb][cc] - [bc][bc]}$$

und

$$\frac{\tau}{\varrho} = \frac{[ab][bc] - [ac][bb]}{[bb][cc] - [bc][bc]}$$

Führt man diese Werthe in den obigen Ausdruck für R ein, so erhält man

$$R = \frac{[aa][bb][cc] + 2[ab][ac][bc] - [aa][bc][bc] - [bb][ac][ac] - [cc][ab][ab]}{[bb][cc] - [bc][bc]}$$

R ist sonach allein von den bekannten Größen a, b und c abhängig, und in dem Ausdrucke für die Summe der Fehlerquadrate kommt nur noch die Unbekannte ϱ vor, nämlich

$$[x'x'] = [xx] + R \cdot \varrho\varrho$$

Die Wahrscheinlichkeit für das Zusammentreffen der verschiedenen Fehler x' ist aber gleich dem Producte aus den entsprechenden Wahrscheinlichkeiten y', und wenn man dieses Product mit Y bezeichnet, so hat man

$$Y = \frac{1}{\sqrt{\pi} \cdot \sqrt{n}} e^{-\frac{[x'x']}{n}}$$

$$= \frac{1}{\sqrt{\pi} \cdot \sqrt{n}} e^{-\frac{[xx]}{n}} \cdot e^{-\frac{R}{n}\varrho\varrho}$$

Der erste Exponent von e bezieht sich auf die Abweichungen der Beobachtungen von denjenigen Werthen, die unter Zugrundelegung der wahrscheinlichsten Werthe von r, s und t berechnet waren. Dieser Exponent ist sonach bekannt, und setzt man die bekannten Factoren

$$\frac{1}{\sqrt{\pi} \cdot \sqrt{n}} e^{-\frac{[xx]}{n}} = F$$

so ist

$$Y = F \cdot e^{-\frac{R}{n}\varrho\varrho}$$

Die Wurzel des mittleren Fehlerquadrates der Beobachtungen wurde mit q bezeichnet. In gleicher Weise sei $q(r)$ die Wurzel aus dem mittleren Fehlerquadrate der Constante r. Die Summe aller Fehlerquadrate erhält man, wenn man das Quadrat jedes möglichen ϱ mit der Wahrscheinlichkeit seines Vorkommens multiplicirt, und diese Producte summirt.

Diese Summe ist

$$\int Y \varrho^2 d\varrho$$

die Anzahl dieser Fehlerquadrate ist aber gleich der Summe der Wahrscheinlichkeiten ihres Vorkommens, oder

$$\int Y d\varrho$$

Beide Integrale sind von $\varrho = -\infty$ bis $\varrho = +\infty$ zu nehmen, daher das mittlere Fehlerquadrat

$$q(r)\, q(r) = \frac{\int Y \varrho^2 d\varrho}{\int Y d\varrho}$$

wobei der constante Factor F aus dem Zähler und Nenner fortfällt. Indem man für Y den Werth einführt, ergiebt sich

$$q(r) \cdot q(r) = \frac{\int e^{-\frac{R}{n} \varrho\varrho} \cdot \varrho^2 d\varrho}{\int e^{-\frac{R}{n} \varrho\varrho} d\varrho}$$

Setzt man wieder zur einfacheren Bezeichnung

$$\frac{R}{n} \varrho\varrho = zz$$

so findet man

$$q(r) \cdot q(r) = \frac{n}{R} \frac{\int e^{-zz} \cdot z^2 dz}{\int e^{-zz} \cdot dz}$$

die partielle Integration ergiebt

$$\int e^{-zz} \cdot z^2 dz = -\tfrac{1}{2} e^{-zz} \cdot z + \tfrac{1}{2} \int e^{-zz} \cdot dz$$

Das erste Glied ist, wenn man e^{-zz} in die bekannte Reihe auflöst, gleich Null (§ 24), es bleibt daher nur das zweite Integral übrig, welches mit dem im Nenner stehenden übereinstimmt, auch innerhalb derselben Grenzen wie letzteres genommen wird. Der Bruch verwandelt sich daher in $\tfrac{1}{2}$ und man hat

$$q(r) \cdot q(r) = \frac{n}{2R}$$

folglich

$$q(r) = \frac{1}{\sqrt{R}} \cdot \sqrt{\frac{n}{2}}$$

$$= \frac{1}{\sqrt{R}} \cdot q$$

wo q, wie oben die Wurzel des mittleren Fehlerquadrates der Beobachtungen bedeutet.

Eben so kann man auch $w(r)$ oder den **wahrscheinlichen Fehler** von r finden. Derselbe ist nämlich demjenigen ϱ gleich, welches unter Beibehaltung der vorstehenden Bezeichnung der Bedingung entspricht, daſs

$$\int Y d\varrho \ (\text{von } 0 \text{ bis } \varrho) = \int Y d\varrho \ (\text{von } \varrho \text{ bis } \infty)$$

Setzt man nunmehr

$$\sqrt{R} \cdot \varrho = z$$

so verwandelt sich das Integral in

$$\frac{1}{\sqrt{R}} \int e^{-\frac{zz}{z}} \cdot dz$$

Dieser Ausdruck entspricht wieder genau demjenigen, welcher zur Bestimmung des wahrscheinlichen Fehlers der einzelnen Beobachtungen diente (§ 25). Die Bedingung wird daher auch hier erfüllt, sobald man

$$z = 0{,}476936 \cdot \sqrt{n}$$

oder

$$\varrho = 0{,}476936 \cdot \sqrt{\frac{n}{R}}$$

setzt. Der wahrscheinliche Beobachtungsfehler w war aber gleich $0{,}476936 \cdot \sqrt{n}$, daher ist

$$w(r) = \frac{1}{\sqrt{R}} w$$

Dieser wahrscheinliche Fehler der Constante r ist zugleich der Werth der früher eingeführten unbekannten Verbesserung ϱ, man hat also auch

$$\varrho = \frac{1}{\sqrt{R}} w$$

oder wenn man mit ϱ den wahrscheinlichsten Werth der Wurzel des mittleren Fehlerquadrates bezeichnet

$$\varrho = \frac{1}{\sqrt{R}} q$$

Was die wahrscheinlichen Fehler der andern Constanten s und t betrifft, so findet man dieselben in gleicher Weise, man kann sie aber auch unmittelbar aus den vorstehenden Ausdrücken ableiten, indem man in Bezug auf s die Werthe von a und b und in Bezug auf t die Werthe von a und c gegen einander vertauscht.

Man bemerkt sogleich daſs der Zähler von R sich aus allen

drei Bekannten a, b und c ganz gleichmäfsig zusammensetzt, woher er bei dieser Vertauschung unverändert seinen Werth behält. Die entsprechenden Gröfsen S und T haben daher denselben Zähler wie R, wodurch die Rechnung sich wesentlich vereinfacht. Der Nenner von S ist dagegen

$$[aa]\,[cc] - [ac]\,[ac]$$

und der Nenner von T

$$[aa]\,[bb] - [ab]\,[ab]$$

Die wahrscheinlichen Fehler von s und t sind endlich

$$w(s) = \frac{1}{\sqrt{S}} \cdot w$$

und

$$w(t) = \frac{1}{\sqrt{T}} \cdot w$$

Die vorstehende Untersuchung bezieht sich nur auf drei Constanten, giebt es deren mehrere, so läfst sich die Rechnung in gleicher Art führen, doch werden die Ausdrücke alsdann viel complicirter, und es schien entbehrlich letztere zu entwickeln, da die Aufgaben im Wasser- und Maschinenbau sich nicht leicht hierauf ausdehnen dürften. Dagegen wiederholt sich sehr häufig der Fall, dafs nur zwei oder nur eine Unbekannte eingeführt, und deren wahrscheinliche Fehler gesucht werden. Letztere lassen sich aus dem Vorstehenden sehr einfach darstellen.

Wenn nur **zwei Constanten** r und s vorkommen, so verschwindet das letzte Glied in der Gleichung

$$k = ar + bs + ct$$

oder c wird gleich Null und von den beiden Bedingungsgleichungen

$$0 = [ab]\varrho + [bb]\sigma + [bc]\tau$$

und

$$0 = [ac]\varrho + [bc]\sigma + [cc]\tau$$

fällt die letztere fort, die erste verwandelt sich aber in

$$0 = [ab]\varrho + [bb]\sigma$$

also

$$\frac{\sigma}{\varrho} = -\frac{[ab]}{[bb]}$$

woher

$$R = \frac{[aa]\,[bb] - [ab]\,[ab]}{[bb]}$$

Eben so findet man

$$S = \frac{[aa]\,[bb] - [ab]\,[ab]}{[aa]}$$

Die wahrscheinlichen Fehler sind wieder

$$w(r) = \frac{1}{\sqrt{R}} \cdot w$$

und

$$w(s) = \frac{1}{\sqrt{S}} \cdot w$$

Wenn endlich nur eine Constante vorkommt oder das der Beobachtung zum Grunde gelegte Gesetz durch die Gleichung

$$k = a r$$

ausgedrückt wird, so ist auch $b = 0$ und man hat

$$R = [a a]$$

also der wahrscheinliche Fehler von r

$$w(r) = \frac{1}{\sqrt{[a a]}} \cdot w$$

Wenn man unmittelbar die Gröſse k wiederholentlich gemessen hat, also jene Gleichung sich in

$$k = r$$

verwandelt und folglich $a = 1$ ist, so ist $[a a]$ nichts andres, als die Anzahl der Messungen und die Wahrscheinlichkeit des arithmetischen Mittels aus m Beobachtungen ist

$$w(r) = \frac{1}{\sqrt{m}} \cdot w$$

Die vorstehend mitgetheilten Untersuchungen wurden zuerst von Gauſs in den oben (§ 15) angeführten Schriften bekannt gemacht, doch bestimmte derselbe die Wahrscheinlichkeit der gefundenen Werthe der Constanten in andrer Weise, indem er ihnen vergleichungsweise zur Wahrscheinlichkeit der einzelnen Beobachtungen gewisse Gewichte beilegte. Die wahrscheinlichen Fehler, welche die Zuverlässigkeit der Resultate sehr sicher und scharf bezeichnen, sind auch in Betreff der Constanten durch Bessel eingeführt.

§ 30.

Die vorstehend entwickelten Ausdrücke setzen voraus, daſs man die wirklichen Beobachtungsfehler, also die wahren Werthe der gemessenen Gröſsen k kennt, deren Abweichungen von den Beobachtungen diese Fehler darstellen. Hierdurch würde man in den Stand gesetzt, den wahrscheinlichen Fehler w der Beobachtungen oder die Wurzel des mittleren Fehlerquadrates q zu bestimmen. Man kennt jedoch nur die wahrscheinlichsten Werthe der Constanten r, s, t ... und aus diesen kann man daher nur die wahrscheinlichsten, keineswegs aber die wahren Werthe von k ableiten und mit den Beobachtungen vergleichen.

Im vorigen Paragraph wurde der Ausdruck

$$[x'x'] = [xx] + R\varrho\varrho + S\sigma\sigma + T\tau\tau$$

dargestellt, worin x' den wahren Fehler, x dagegen die Abweichung der Beobachtung von dem nach der Methode der kleinsten Quadrate hergeleiteten wahrscheinlichsten Werthe von k bezeichnet. Es wurde daselbst auch nachgewiesen, daſs

$$\varrho = \frac{1}{\sqrt{R}} \cdot q$$

und eben so

$$\sigma = \frac{1}{\sqrt{S}} q$$

$$\tau = \frac{1}{\sqrt{T}} q$$

Jedes der letzten Glieder im Ausdrucke für $[x'x']$ verwandelt sich daher in qq und wenn μ Constanten vorkommen, so hat man

$$[x'x'] = [xx] + \mu \cdot qq$$

$[x'x']$ ist aber die Summe der wirklichen Fehlerquadrate, also gleich dem Producte aus dem mittleren Fehlerquadrat in die Anzahl der Beobachtungen, die gleich m ist, also

$$m \cdot qq = [xx] + \mu \cdot qq$$

folglich

$$qq = \frac{[xx]}{m - \mu}$$

und hieraus der wahrscheinliche Beobachtungsfehler

$$w = 0{,}647486 \sqrt{\frac{[xx]}{m - \mu}}$$

$[xx]$ ist aber die Summe der Quadrate der Abweichungen der berechneten von den beobachteten Werthen von k, also eine bekannte Gröſse.

Diese sehr wichtige Vervollständigung der Untersuchung über die Beobachtungsfehler und über die Sicherheit der daraus gezogenen Resultate rührt von Bessel her, der sie zuerst in der Abhandlung über den Olbersschen Cometen bekannt machte.*)

---

*) Abhandlungen der Berliner Akademie der Wissenschaften für 1812 und 1813.

Um die Anwendung der Formeln für die wahrscheinlichen Fehler der Beobachtungen und der daraus gezogenen Resultate an einem Beispiele zu zeigen, mag auf dasjenige zurückgegangen werden, welches § 19 zur Erläuterung der Methode der kleinsten Quadrate gewählt war.

Es wurde daselbst bereits die Summe der Quadrate der Abweichungen der beobachteten von den berechneten Werthen ermittelt und

$$[xx] = 0{,}529$$

gefunden. Die Anzahl der Beobachtungen oder m war gleich 8, und die der Unbekannten oder μ gleich 2. Man hat also das mittlere Fehler-Quadrat, oder

$$qq = \frac{0{,}529}{6}$$

also

$$q = 0{,}297$$

und der wahrscheinliche Fehler der Beobachtungen

$$w = 0{,}6745 \cdot 0{,}297$$
$$= 0{,}2003$$

Um die wahrscheinlichen Fehler der berechneten Werthe von r und s zu finden, dienen die am Schlusse von § 29 mitgetheilten Formeln, die sich auf zwei Constanten beziehn. Man erhält daraus

$$R = 3{,}220$$

und

$$S = 38{,}85$$

Es ist indessen unnöthig diese Größen in Zahlen auszudrücken, man kann vielmehr aus den Logarithmen derselben sogleich zu den Logarithmen der Wurzeln übergehn, und diese von $\log w$ abziehn. Die wahrscheinlichen Fehler von r und s sind

$$w(r) = \frac{w}{\sqrt{R}} = 0{,}112$$

und

$$w(s) = \frac{w}{\sqrt{S}} = 0{,}032$$

Eine große Schärfe ist bei diesen Rechnungen entbehrlich, da das Maaß der Sicherheit schon durch wenige Decimal-Stellen sich hinreichend sicher ausdrücken läßt, und die Summe $[xx]$ von den zufälligen Beobachtungsfehlern abhängig, also keineswegs besonders genau ist.

§ 31.

Häufig wiederholt sich die Aufgabe, den wahrscheinlichen Fehler irgend einer Function verschiedener Größsen zu ermitteln, deren wahrscheinliche Fehler man kennt. Sind diese Größsen von einander, oder sämmtlich von einer entfernteren abhängig, so lassen sie sich auf eine einzige zurückführen, in vielen Fällen sind sie aber ganz unabhängig von einander und hiervon soll hier allein die Rede sein.

p sei eine Function von $r, s, t \ldots$ Die wahrscheinlichen Fehler der letzteren sind bekannt, derjenige von p werde gesucht

$$p = F(r, s, t \ldots)$$

Insofern $r, s, t \ldots$ ganz unabhängig von einander sind, hat man

$$dp = \varphi \cdot dr + \chi \cdot ds + \psi \cdot dt + \cdots$$

wo φ, χ und ψ die betreffenden Differenzial-Quotienten bedeuten. Indem r um dr wächst, ändert sich p um φdr, und die Wahrscheinlichkeit, daß ein Fehler von dieser Größse eintritt, ist

$$y = \frac{1}{\sqrt{\pi} \cdot \sqrt{n}} e^{-\frac{\varphi dr \cdot \varphi dr}{n}}$$

Eben so ist die Wahrscheinlichkeit des Fehlers χds, den die Aenderung der zweiten Unbekannten veranlaßt,

$$y' = \frac{1}{\sqrt{\pi} \cdot \sqrt{n}} e^{-\frac{\chi ds \cdot \chi ds}{n}}$$

und so weiter. Die Wahrscheinlichkeit für das Zusammentreffen dieser Aenderungen in den Werthen von $r, s, t \ldots$ also auch für die Aenderung von p in $p + dp$ ist daher

$$y \cdot y' \cdot y'' \ldots = \frac{1}{\sqrt{\pi} \cdot \sqrt{n}} e^{-\frac{\varphi dr \cdot \varphi dr + \chi ds \cdot \chi ds + \psi dt \cdot \psi dt + \cdots}{n}}$$

Unter der Voraussetzung, daß die wahrscheinlichen Fehler von r, , $t \ldots$ nur klein sind, kann man dieselben statt $dr, ds, dt \ldots$ einführen. Aus vorstehendem Ausdruck ergiebt sich alsdann, welche Aenderung dadurch im Werthe von p veranlaßt werden, oder wie groß der entsprechende, also der wahrscheinliche Fehler von p ist. Unter Beibehaltung der früheren Bezeichnung hat man demnach

$$w(p) = \sqrt{\varphi^2 \cdot w(r)^2 + \chi^2 \cdot w(s)^2 + \psi^2 \cdot w(t)^2 + \cdots}$$

Um ein Beispiel der Anwendung dieses Satzes*) zu geben, mag

---

*) Derselbe ist mir von einem Freunde mitgetheilt worden.

untersucht werden, wie groſs der **wahrscheinliche Fehler** eines **Productes** ist, wenn man die wahrscheinlichen Fehler der Factoren kennt.

$$p = r \cdot s$$
$$dp = s\,dr + r\,ds$$

also

$$\varphi = s$$

und

$$\chi = r$$

folglich

$$w(rs) = \sqrt{s^2 \cdot w(r)^2 + r^2 \cdot w(s)^2}$$

Gesetzt daſs

$$r = 7{,}22 \quad \text{und} \quad w(r) = 0{,}62$$
$$s = 5{,}47 \quad \text{und} \quad w(s) = 0{,}35$$

so würde der wahrscheinliche Fehler des Productes

$$w(p) = 4{,}27$$

sein, während der wahrscheinlichste Werth von p oder rs gleich 39,493 ist.

Dieses Beispiel beantwortet die oft angeregte, und nicht selten unrichtig gelöste Frage, wie groſs der wahrscheinliche Fehler einer Fläche ist, wenn man die wahrscheinlichen Fehler der linearen Messungen kennt.

Ist einer der Factoren, zum Beispiel r, eine bestimmt gegebene Gröſse, also etwa ein Zahlen-Coefficient, so ist $w(r)$ gleich 0, folglich

$$w(rs) = r \cdot w(s)$$

Kennt man den wahrscheinlichen Fehler des Productes und zugleich den des einen Factors, so ergiebt sich der des andern

$$w(r) = \frac{1}{s} \sqrt{w(rs)^2 - r^2 \cdot w(s)^2}$$

Es darf kaum erwähnt werden, daſs in den vorstehenden Ausdrücken der Exponent 2 sich nicht auf die in Parenthese eingeschlossenen Gröſsen, sondern auf die wahrscheinlichen Fehler derselben bezieht.

Man kann ferner durch den vorstehenden Ausdruck den **wahrscheinlichen Fehler einer Summe** von Gliedern finden, deren wahrscheinliche Fehler man kennt.

$$p = r + s + t + \cdots$$

also

$$w(p) = \sqrt{w(r)^2 + w(s)^2 + w(t)^2 + \cdots}$$

Dieses führt zur Bestimmung der Sicherheit einer Längenmessung, die sich aus einzelnen und zwar gleich grofsen partiellen Messungen zusammensetzt. Wenn beispielsweise die 5 Ruthen lange Kette, m mal ausgespannt, also eine Länge von 5 m Ruthen gemessen ist, und der wahrscheinliche Fehler jedes Kettenschlages gleich w ist, so ist der wahrscheinliche Fehler in der Messung der ganzen Linie übereinstimmend mit § 29 gleich

$$w \sqrt{m}$$

also keineswegs der Länge der Linie proportional.

Man kann auch umgekehrt aus den Abweichungen in der wiederholten Messung der ganzen Linie auf den wahrscheinlichen Fehler des einzelnen Kettenschlages oder der zum Grunde liegenden Längen-Einheit schliefsen.

Man habe beispielsweise zehn mal nach einander dieselbe Linie gemessen und die gefundenen Maafse bis auf ein Hunderttheil der Ruthe abgelesen

gemessene Länge	Abweichung vom Mittel	Quadrat
92,65 Ruthen	+ 0,14	0,020
92,47	— 0,04	0,002
92,55	+ 0,04	0,002
92,31	— 0,20	0,040
92,43	— 0,08	0,006
93,01	+ 0,50	0,250
92,52	+ 0,01	0,000
92,49	— 0,02	0,000
92,29	— 0,22	0,048
92,38	— 0,13	0,017
Mittel 92,51		Summe 0,385

Der wahrscheinlichste Werth ist (nach § 22) das arithmetische Mittel, also in diesem Beispiele 92,51 Ruthen, und die Summe der Quadrate der Abweichungen von demselben oder

$$[xx] = 0,385$$

Diese Gröfse mufs (nach § 30) durch die Anzahl der Messungen weniger der Anzahl der Unbekannten, also durch $10 - 1 = 9$

dividirt werden, um das mittlere Fehlerquadrat darzustellen. Folglich

$$qq = 0,0428$$

oder

$$q = 0,207$$

und

$$w = 0,139$$

Dieses ist der wahrscheinliche Fehler in der Messung der ganzen Länge, die 92,51 Ruthen beträgt. Der wahrscheinliche Fehler in der Messung einer Ruthe wird nach der letzten Herleitung gefunden, wenn man jenen durch $\sqrt{92,51}$ oder durch 9,62 dividirt. Der wahrscheinliche Fehler für 1 Ruthe ist daher 0,0145 und für eine Kettenlänge oder 5 Ruthen gleich 0,0324 Ruthen.

§ 32.

Das Eintreten gewisser Ereignisse läſst sich häufig durch besondere Vorsichts-Maaſsregeln befördern oder verhindern, und es entsteht alsdann die Frage, wie weit man dieselben in Anwendung bringen muſs, um mit genügender Wahrscheinlichkeit den beabsichtigten Erfolg erwarten zu dürfen. Dieses ist namentlich bei Bau-Constructionen der Fall, wenn die Dimensionen und vorzugsweise die erforderlichen Stärken der Verbandstücke bestimmt werden sollen. Man geht dabei von Beobachtungen aus, und die Resultate derselben sind um so sicherer, je zahlreicher sie sind, und je vollständiger sie alle Abweichungen in der Textur des Materials umfassen, welches beim Bau angewendet werden soll. Diese Beobachtungen geben jedesmal verschiedene Resultate, wenn auch anscheinend dasselbe Material untersucht wird, die Verschiedenheit beruht aber in diesem Falle nicht auf Beobachtungsfehlern, sondern rührt von dem Mangel an Gleichmäſsigkeit in den Proben her. Es handelt sich also nicht mehr um Beobachtungsfehler, sondern um die Abweichungen im Material. In sofern letztere aber nicht äuſserlich zu erkennen sind, so sind sie zufällig, wie die Fehler in den Messungen, und sie folgen daher denselben Gesetzen. Der Mittelwerth oder das arithmetische Mittel aus einer Reihe solcher Beobachtungen ist zwar als der wahrscheinlichste Werth von groſser Bedeutung, er giebt aber keinen Maaſsstab für die Abweichungen von demselben, also für die gröſsere oder mindere Festigkeit, welche die einzelnen Verbandstücke vielleicht haben. Hierüber kann man sich nur ein sicheres Urtheil bilden, wenn man jedes einzelne Resultat mit jenem Mittelwerthe vergleicht und in derselben Art, wie der wahrscheinliche Fehler einer Beobachtungs-Reihe gefunden wurde, die wahrschein- liche Abweichung sucht.

Man habe beispielsweise eine gröfsere Anzahl Eisenstäbe ge- prüft, die gleichen Querschnitt haben auch äufserlich keine Verschie- denheit zeigen, und dabei gefunden, dafs sie durchschnittlich unter einer Belastung von 10 Centnern so eben zerreifsen. Die wahrschein- liche Abweichung habe sich aber aus diesen Proben gleich 1 Cent- ner ergeben. Fragt man alsdann, wie stark ein gleicher Stab mit voller Sicherheit belastet werden kann, wobei also sein Zerreifsen ganz unmöglich ist, so giebt es nach den oben entwickelten Gesetzen, dafür freilich keine Antwort, weil der Fehler oder die Abweichung jede Grenze übersteigen und sogar unendlich grofs werden kann, aber die Wahrscheinlichkeit dafür ist unendlich geringe, und eben so wenig, wie man hoffen darf beim Aufwerfen von hundert Münzen, alle hun- dert Bildseiten zu treffen, so ist es nach menschlichen Begriffen auch unmöglich, dafs eine Abweichung eintreten kann, deren Wahrschein- lichkeit überaus geringe ist. Man mufs sich daher klar werden, welche Wahrscheinlichkeit man als genügend ansehn will, alsdann läfst sich die vorstehende Frage bestimmt beantworten. Setzt man dieselbe z. B. gleich 0,999 oder mit andern Worten, will man des Erfolges so sicher sein, dafs man Eins gegen Eins wetten kann, der Bruch werde unter tausend Fällen nur einmal eintreten, so kann man aus der Tabelle im Anhange *B* die entsprechende Belastung berechnen.

Obwohl die Art, wie diese Rechnung zu führen, sich schon aus den früheren Herleitungen ergiebt, so ist diese Aufgabe doch in ihren Anwendungen so wichtig, dafs ihre specielle Lösung sich recht- fertigen wird.

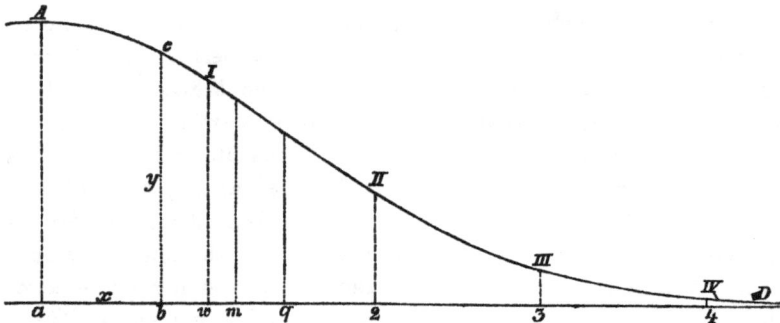

Die hier eingeschaltete Figur ist wieder die eine Hälfte der symmetrischen Curve, welche die Beziehung zwischen der Größe der Fehler x und der relativen Wahrscheinlichkeit ihres Eintreffens darstellt. Die ganze von der Curve und der Abscissenlinie begrenzte Fläche, oder $\int y\, dx$ von $x = -\infty$ bis $x = +\infty$ genommen ist gleich der Gewißheit, daß irgend ein Fehler (der auch Null sein kann) eintreten wird, also gleich 1. Die halbe Fläche bis zur größten Ordinate oder bis zur Mitte ist $= 0,5$ und ein Theil derselben, also etwa die Fläche cbD (wobei der Punkt D jedoch in unendlich weiter Ferne gedacht werden muß) ist gleich der Wahrscheinlichkeit, daß der Fehler $ab = x$ überschritten werden wird. Diese Wahrscheinlichkeit bezieht sich aber nicht auf die absolute Größe des Fehlers, sondern nur auf seinen positiven oder negativen Werth. Entgegengesetzten Falls müßte dieselbe Fläche auf der andren Seite gleichfalls berücksichtigt werden. Mit Bezug auf das vorliegende Beispiel nehme man an, daß die in der Figur dargestellten Werthe von x die negativen Fehler bezeichnen, also die positiven am andern Schenkel der Curve liegen.

Um eine bestimmte Beziehung zur dargestellten Curve zu gewinnen, bei der die Maaße für Abscissen und Ordinaten ganz verschieden sind und nicht mit einander in Vergleich gestellt werden können, muß man den wahrscheinlichen Fehler oder die wahrscheinliche Abweichung als Maaß der Abscissen d. h. der Fehler oder Abweichungen einführen. Man trage daher die Vielfachen des wahrscheinlichen Fehlers, der gleich aw ist, auf und errichte an den Endpunkten die Ordinaten wI, $2II$, $3III$ und so weiter, so ist beispielsweise die Fläche $3IIID$ gleich der Wahrscheinlichkeit, daß die Abweichung nicht größer als das Dreifache der wahrscheinlichen Abweichung sein wird.

Der Anfangspunkt der Abscissen, oder der Punkt a entspricht dem aus allen Messungen hergeleiteten Mittelwerthe, weil letzterer der wahrscheinlichste ist, und in jedem folgenden Versuche eben so leicht überschritten, wie nicht erreicht werden kann. Mit Rücksicht auf jene Eisenstäbe würde also die Fläche aAD die Wahrscheinlichkeit bezeichnen, daß bei einem folgenden Versuche ein gleicher Stab schon unter einer geringeren Belastung, als von 10 Centnern zerreißt, und diese würde 0,5 sein. Die wahrscheinliche Abweichung wurde aber gleich 1 Centner gefunden, daher bezeichnet der Punkt w die Belastung von $10 - 1 = 9$, der Punkt 2 die Belastung von 8, der Punkt 3 die Belastung von 7 Centnern u. s. w. und die Wahrscheinlichkeiten, daſs unter diesen ein Stab noch zerreiſst, werden durch die Flächen $w ID$, $2 IID$, $3 IIID$ und so weiter dargestellt. Nennt man eine dieser Flächen F, so bezeichnet das Verhältniſs

$$F : 1 - F$$

die Einsätze für eine Wette, daſs ein Stab nicht früher, als bei der entsprechenden Belastung zerreiſst.

Diese Flächen, welche durch die Vielfachen des wahrscheinlichen Fehlers bemessen werden, sind zwar nach der Tabelle im Anhange B leicht zu berechnen, der gröſseren Bequemlichkeit wegen sind sie jedoch im Anhange C noch mitgetheilt. Wollte man etwa wissen, wie groſs man die Belastung nur annehmen dürfe, damit man 1 gegen 1 wetten kann, daſs unter 1000 solchen Stäben nur einer zerreiſst, so wäre die Wahrscheinlichkeit für die Ueberschreitung dieser Grenze oder $W = 0{,}001$ und man findet in der Tabelle das zugehörige n gleich 4,58. Das entsprechende x muſs also $4{,}58 \cdot W$ sein, indem W wieder die wahrscheinliche Abweichung bezeichnet, die in diesem Beispiele gleich 1 Centner gesetzt wurde. Man wird daher die Belastung auf

$$10 - 4{,}58 = 5{,}42 \text{ Centner}$$

beschränken müssen.

V. Abschnitt.

Beispiele der Anwendung der Wahrscheinlichkeitsrechnung.

§ 33.

In den physikalischen Wissenschaften, wozu auch die ange-
wandte Mechanik und Hydraulik gehören, hat man oft aus den Beobachtungen nicht nur die Constanten, sondern auch die Gesetze
selbst hergeleitet, welche die Erscheinungen bedingen, und nicht
selten später für die in solcher Weise gefundenen Gesetze auch allgemein gültige Beweise aufzustellen versucht, wobei jedoch vielfach
augenfällige Mißgriffe vorgekommen sind. Wenn aber diese Gesetze
nur auf Erfahrungen und Beobachtungen beruhn, so haben sie keine
allgemeine Gültigkeit, man darf vielmehr ihre Anwendung nicht
über die Grenzen jener Beobachtungen hinaus ausdehnen.

Es entsteht dabei die Frage, ob man aus Beobachtungen, die
in kleinem Maaßstabe angestellt sind, auf Erscheinungen
im Großen schließen darf. Nicht selten wird dieses in Abrede
gestellt, jedoch vorzugsweise wohl nur in der Absicht, um wissen-
schaftlichen Untersuchungen überhaupt entgegen zu treten, und den
sogenannten praktischen Auffassungen Geltung zu geben. Daß Beobachtungen im Großen sehr kostbar und zeitraubend sind, und
daher nur selten angestellt werden können, ist an sich klar, dazu
kommt aber noch, daß es überaus schwierig ist, die verschiedenen
fremdartigen Einflüsse dabei auszuschließen und die Erscheinungen
in einfachen Formen darzustellen. Die Erfahrung zeigt auch in der
That daß man auf diesem Wege bisher noch niemals zu einem
brauchbaren Resultate gelangt ist, wenn nicht durch sorgfältige Messungen im Kleinen die Verhältnisse schon vorher aufgeklärt waren,
und es sonach nur noch darauf ankam, die bereits bekannten Gesetze
und Constanten an den Erscheinungen im Großen zu prüfen. Es

mag hier auf die im Jahre 1827 in Wien ausgeführten Versuche über den Seitendruck der Erde und den Einsturz von Futtermauern hingewiesen werden, die obwohl mit grofsem Kosten-Aufwande angestellt und sehr vollständig öffentlich bekannt gemacht, dennoch in keiner Beziehung ein brauchbares Resultat gaben, oder zur Aufklärung der Verhältnisse irgend beitragen konnten. Andrer Seits ist die unbegrenzte Kraft, welche die Erde und alle Himmelskörper in ihren Bahnen erhält, nämlich die Schwere, durch das kleine Instrument, den Secunden-Pendel, in höchster Schärfe gemessen worden.

Nur bei Beobachtungen mit kleinen Apparaten lassen sich die fremdartigen Einflüsse möglichst beseitigen, oder bei ihrer unvermeidlichen Einwirkung so vollständig erkennen, dafs man von ihnen Rechnung tragen kann. Auch ist es dabei leicht, vielfache Modificationen anzubringen, woraus sich ergiebt, wie bei Aenderungen in der Gröfse und Form der Erscheinung die Resultate sich anders herausstellen. Solche Versuche deuten daher schon an, wie die Erscheinung im Grofsen sich gestalten wird, und wenn die gefundenen Gesetze an sich nicht zu begründen sind, also der wahre Zusammenhang noch unbekannt ist, so kommt es nur darauf an, durch Messungen in gröfserem Maafsstabe, die Gültigkeit der bereits gefundenen Gesetze innerhalb weiterer Grenzen zu prüfen, was viel leichter ist, als wenn man auf diesem Wege die Gesetze auffinden wollte.

Die Methoden der Wahrscheinlichkeits-Rechnung lehren, wie man aus Beobachtungen nicht nur die wahrscheinlichsten Resultate ziehn, sondern auch den Grad der Sicherheit dieser Resultate angeben, also die Wahrscheinlichkeit bezeichnen kann, mit der die Gültigkeit der gefundenen Gesetze über die Grenze der zum Grunde liegenden Beobachtungen hinaus, noch zu erwarten ist. Man denke die Resultate der Beobachtungen, die im einfachsten Falle nur von einem Argument abhängen, graphisch aufgetragen. Diese Argumente seien die Abscissen, während die beobachteten Gröfsen als Ordinaten gezeichnet werden. In dieser Weise werden verschiedene Punkte in der Linie gegeben, deren Gleichung man sucht, um für gewisse viel gröfsere Abscissen die Ordinaten berechnen zu können. Wenn die Linie welche durch die gemessnen Punkte gezogen wird, sehr nahe als gerade Linie sich darstellt, und die kleinen Differenzen innerhalb der Grenze der unvermeidlichen Beobachtungsfehler liegen, so ist dieses noch kein Beweis dafür, dafs die Linie, wenn man sie verlängert, noch eine gerade bleiben wird. Das unbekannte Gesetz derselben kann beispielsweise eine Hyperbel bedingen, was sich aber aus den Beobachtungen noch nicht ergiebt, weil diese an einer Stelle liegen, wo die Curve sich asymptotisch der Geraden nähert. Nicht leicht wird es sich treffen, daß man mit der Natur der Curve ganz unbekannt ist, denn gemeinhin führt schon die Betrachtung der mechanischen oder der sonstigen einwirkenden Verhältnisse auf gewisse außerhalb der Beobachtungen liegende Punkte, so zum Beispiel lassen sich die Werthe derjenigen Ordinaten häufig bestimmt bezeichnen, die zu den Abscissen $= 0$ und zu $+$ oder $- \infty$ gehören. Aber wenn dieses Letzte auch möglich ist, so muß man doch auf die **kleinen Abweichungen in den Beobachtungen** sehr aufmerksam sein, und selbst wenn sie die Größe der gewöhnlichen Beobachtungsfehler nicht übersteigen, untersuchen, ob sie irgend regelmäßig fallen, also auf eine schwache Krümmung der anscheinend geraden Linie hindeuten, die bei weiterer Fortsetzung der letzteren viel schärfer hervortreten kann. Wie groß die Wahrscheinlichkeit einer solchen Voraussetzung ist, läßt sich aber nach den vorstehenden Herleitungen jedesmal bestimmt angeben, und man entgeht auf diesem Wege sehr sicher der Gefahr, aus dem Gebiete der Wirklichkeit in das der Phantasie zu gerathen.

Wie groß diese Gefahr ist, wenn die Regeln der Wahrscheinlichkeits-Rechnung, oder des gesunden Menschenverstandes, ganz unbeachtet bleiben, zeigen vielfache Beispiele in unsern Lehrbüchern, namentlich in denen, welche die Hydraulik betreffen. Die Sätze, daß das Längenprofil eines Flusses eine Parabel, oder Kettenlinie oder eine andre Curve bildet, würden gewiß nie ausgesprochen sein, wenn man auch nur eine einzige Beobachtungsreihe mit einer solchen Hypothese sorgfältig verglichen und die übrig bleibenden Fehler untersucht hätte.

Indem die Methoden der Wahrscheinlichkeits-Rechnung in solchen Fällen immer auf die Beobachtungs-Fehler zurückführen, und von der Größe derselben die Sicherheit der gefundenen Resultate abhängt, so pflegt die Anwendung dieser Rechnungs-Art auch von unverkennbarem Einfluß auf die Beobachtungs-Kunst zu sein. Die Meßapparate verbessern sich eben so, wie die Methoden ihrer Benutzung und man erreicht bald eine Schärfe und Sicherheit, die bisher unbekannt war und sogar für unmöglich gehalten wurde. Namentlich hat sich dieses in der Astronomie bestätigt, wo gegenwärtig keine Untersuchung mehr angestellt wird, ohne daß zugleich der Grad der Wahrscheinlichkeit der gefundenen Resultate bestimmt nachgewiesen würde.

§ 34.

Als Beispiel der Anwendung der Wahrscheinlichkeitsrechnung auf Beobachtungen, aus denen nicht nur gewisse Constanten, sondern auch das Gesetz hergeleitet werden sollte, dem die Erscheinung folgt, wähle ich eine Untersuchung über den Ausfluß des trockenen Sandes durch Oeffnungen in der Seitenwand eines Gefäßes.

Wie zuerst Hubert Burnand bemerkte, ist die durch kleine Oeffnungen ausfließende Sandmasse von der Druckhöhe oder der Höhe der Füllung im Gefäße ganz unabhängig. Dieses erklärt sich durch die starke Reibung, welche der Sand erfährt, indem er sich von der übrigen Masse löst. Die vorliegenden Versuche bestätigten auch, daß bei hoher und niedriger Füllung in gleichen Zeiten stets gleiche Quantitäten abflossen. Nur wenn der hohle Trichter, der sich in der Oberfläche der Schüttung über der Oeffnung jedesmal bildet, letztere beinahe erreicht, und die von seinen Wänden herabstürzenden Massen unmittelbar die Oeffnung treffen, so wird die Geschwindigkeit und sonach die Menge des durchfließenden Sandes etwas größer, bis sie sich sehr bald darauf wieder vermindert, weil die Oeffnung vorübergehend frei wird, oder nicht mehr ganz gefüllt ist. Die Beobachtungen wurden daher jedesmal abgebrochen, sobald der Trichter sich bis auf 1 Zoll der Oeffnung genähert hatte.

Der Sand, den ich benutzte, war ein sehr reiner, vom Seestrande aus auf das dahinter liegende niedrige Ufer aufgewehter Quarzsand. Derselbe bestand aus Körnchen von nahe derselben Größe, doch befanden sich auch einzelne merklich größere darunter, die durch Aussieben entfernt wurden. Der Durchmesser der übrig bleibenden war nach mehrfachen Versuchen, indem ich sie reihenweise an einander schob, sehr nahe ¼ Rheinländische Linie oder 0,021 Zoll.

Die Durchfluß-Oeffnungen waren kreisförmig in Messingscheiben ausgedreht, und zwar so, daß ein scharfer Rand, der nach innen gekehrt wurde, sie umgab. Ihre Duchmesser maaß ich jedesmal in zwei verschiedenen Richtungen mittelst eines mikrometrischen Apparates.

Die Quantitäten des ausfließenden Sandes wurden durch sorgfältige Abwägung ermittelt. Unter den austretenden Sandstrahl schob ich nach dem Schlage einer Secunden-Uhr ein Gefäß, und in gleicher Weise wurde dasselbe nach einer bestimmten Zeit wieder zurückgezogen. Die Vergleichung der in dieser Art aufgefangenen

Sandmassen ergab, daſs der wahrscheinliche Fehler beim Vor- und Zurückschieben des Gefäſses noch nicht eine halbe Secunde betrug, und selbst dieser geringe Fehler verminderte sich bei den gröſseren Oeffnungen noch bedeutend. Er rührte zum Theil von den zufälligen Unregelmäſsigkeiten beim Austreten des Sandes her, die offenbar in den kleineren Oeffnungen am gröſsten waren.

Die Sandmassen m sind nachstehend nicht durch Gewichte, sondern durch den Rauminhalt und zwar in Rheinländischen Cubikzollen ausgedrückt, indem wiederholentlich das Gewicht gewisser Sand-Volumina, und zwar bei möglichst loser Schüttung ermittelt wurde. Die Radien ϱ der Oeffnungen beziehen sich gleichfalls auf Rheinländische Zolle.

In einer Secunde floſs durch die Oeffnung vom Radius ϱ die Masse m

1) $\varrho = 0,05487$ $m = 0,009117$

2) $\varrho = 0,08052$ $m = 0,029854$

3) $\varrho = 0,09868$ $m = 0,053986$

4) $\varrho = 0,12017$ $m = 0,095324$

5) $\varrho = 0,16784$ $m = 0,234628$

Es kam darauf an, die Beziehung zu finden, in welcher m zu ϱ steht. Zu vermuthen war, daſs m durch eine oder verschiedene Potenzen von ϱ ausgedrückt würde, ich versuchte daher zunächst die Formel

$$m = r\varrho + s\varrho^2 + t\varrho^3$$

Ein constantes Glied konnte der Ausdruck nicht enthalten, weil offenbar für $\varrho = 0$ auch $m = 0$ wird. Die Factoren r, s und t sind die zu suchenden Constanten, während die oben (§ 17) mit a, b und c bezeichneten Factoren hier ϱ, ϱ^2 und ϱ^3 sind.

Aus den fünf Beobachtungen findet man die Summen

$$[ka] = [m\varrho] = 0,059\,065$$
$$[kb] = [m\varrho^2] = 0,008\,7325$$
$$[kc] = [m\varrho^3] = 0,001\,34369$$
$$[aa] = [\varrho^2] = 0,061\,841$$
$$[ab] = [\varrho^3] = 0,008\,1113$$
$$[ac] = [bb] = [\varrho^4] = 0,001\,14796$$
$$[bc] = [\varrho^5] = 0,000\,171481$$
$$[cc] = [\varrho^6] = 0,000\,0265875$$

Wenn man diese Werthe in die Bedingungs-Gleichungen

$$[ka] = [aa]r + [ab]s + [ac]t$$
$$[kb] = [ab]r + [bb]s + [bc]t$$

und

$$[kc] = [ac]r + [bc]s + [cc]t$$

einführt, so folgt

$$r = -\,0,186857$$
$$s = 4,72591$$
$$t = 28,1257$$

Man erhält also

$$m = -\,0,1868 \cdot \varrho + 4,7259 \cdot \varrho^2 + 28,127 \cdot \varrho^3$$

Berechnet man hiernach für die fünf Werthe von ϱ die zugehörigen m und vergleicht diese mit den beobachteten, so sind die Fehler und die Quadrate derselben

Fehler	Quad. d. Fehler
+ 0,0049	0,0000 2401
− 0,0042	1764
− 0,0062	3844
+ 0,0072	5184
− 0,0012	0144
Summe	0,0001 3337

Die Fehler fallen ziemlich unregelmäßig, man dürfte sie also als Beobachtungs-Fehler ansehn, die Summe ihrer Quadrate beträgt 0,0001 3337. Die Form des Ausdruckes befriedigt aber keineswegs. Es ergiebt sich aus demselben, daß die Masse m weder der zweiten, noch der dritten Potenz von ϱ proportional, noch der Summe zweier Glieder gleich ist, welche diese beiden Potenzen als Factoren enthalten. Das negative Zeichen des ersten Gliedes ist aber unerklärlich und läßt erkennen, daß die gewählte Form nicht die richtige sei. Nichts desto weniger zeigt diese Rechnung, daß das erste Glied einen viel geringeren Werth hat, als die beiden letzteren, die bei den größeren Oeffnungen sich ungefähr gleich sind. Dieser Umstand deutet darauf hin, daß m einer gewissen Potenz von ϱ proportional ist, deren Exponent zwischen 2 und 3 liegt.

Hiernach wurde diese unbekannte Potenz gesucht, indem ich

$$m = r \cdot \varrho^x$$

setzte. Dieser Ausdruck läßt sich leicht nach der Methode der kleinsten Quadrate behandeln, wenn man von den Zahlen zu den Logarithmen übergeht.

$$\log m = \log r + x \cdot \log \varrho$$

Die beiden Unbekannten sind alsdann $\log r$ und x, und die früher k, a und b bezeichneten Größen

$$k = \log m$$
$$a = 1$$
$$b = \log \varrho$$

In Betreff der nunmehr vorzunehmenden Zahlenrechnung muß darauf aufmerksam gemacht werden, daß diese Logarithmen die gewöhnlichen Briggeschen sind, da sie aber sämmtlich zu ächten Brüchen gehören, so sind sie negativ, und man muß sie als solche, also mit Berücksichtigung der decadischen Ergänzung ausdrücken. So ist z. B. der Logarithmus von 0,009117

$$= 7,95985 - 10$$

also

$$= - 2,04015$$

In dieser Weise werden die in die Rechnung einzuführenden Werthe von $\log m$ und $\log \varrho$ bestimmt. Um die Producte kb, bb zu bilden, kann man sich nach § 18 der Quadrat-Tabellen im Anhange A bedienen, doch läßt sich die Rechnung auch logarithmisch führen, indem man die gefundenen Logarithmen wieder als Zahlen behandelt, und die zugehörigen Logarithmen aufschlägt

$$\log k = \log \cdot \log m = \log(-\,2,04015) = 0,30966\,{}_n$$
$$\log b = \log \cdot \log \varrho = \log(-\,1,26067) = 0,10060\,{}_n$$

Das den letzten beiden Zahlen beigefügte n zeigt an, daß diese Logarithmen zu negativen Zahlen gehören, worauf also Rücksicht zu nehmen ist, sobald man zu den letzteren wieder übergeht. Man findet

$$\log k b = 0,41026$$

also

$$k b = 2,5719$$

Dieses Product ist positiv, weil beide Factoren negativ sind.

In gleicher Art werden die sämmtlichen Producte kb berechnet und die Summe derselben, oder $[kb]$ dargestellt, und so auch die andern Summen, wobei die Zeichen stets zu beachten sind, $[aa]$ ist aber $[1]$ oder bei 5 Beobachtungen gleich 5.

Die Bedingungsgleichungen

$$[k a] = [a a] r + [a b] s$$

und

$$[k b] = [a b] r + [b b] s$$

verwandeln sich alsdann in

$$- 6,48328 = 5 \cdot \log r - 5,05586 \cdot x$$

und

$$6,94283 = -\,5,05586 \cdot \log r + 5,24550 \cdot x$$

Hieraus findet man

$$\log r = 1,64303$$

daher

$$r = 43,957$$

und

$$x = 2,9071$$

Man erhält

$$m = 43,957 \cdot \varrho^{2,9071}$$

Berechnet man hiernach für die fünf verschiedenen ϱ die Werthe von m und vergleicht diese mit den beobachteten, so sind die Fehler und ihre Quadrate

+ 0,00038	und	0,0000144
— 0,00087		0,0000757
— 0,00163		0,0002657
— 0,00247		0,0006101
+ 0,01061		0,0112572
		0,0122231

Die Fehler fallen sehr regelmäßig, indem sie bei dem kleinsten und größten ϱ positiv, dazwischen aber negativ sind. Man muß daher diese Form des Ausdrucks für ungeeignet halten, wozu noch kommt, daß die Summe der Fehlerquadrate viel größer ist, als sie früher war. Man darf indessen nicht übersehn, daß die ganze Rechnung der Bedingung entspricht, daß die Summe der Fehlerquadrate von $\log m$, aber nicht derer von m, ein Minimum ist. Dieser Umstand ist von wesentlicher Bedeutung, insofern die Aenderung der fünften Decimalstelle im Werthe von m um eine Einheit, den Werth des $\log m$ für das kleinste ϱ um 0,00046 für das größte ϱ dagegen nur um 0,000018, also im Verhältniß von 25 : 1 ändert.

Um diesen Uebelstand zu beseitigen und m selbst durch zwei Glieder auszudrücken, welche die Unbekannten, oder gewisse Functionen derselben, als Factoren enthalten, führe ich für den noch unbekannten Exponent einen Näherungswerth s ein, und vermehre diesen um die gesuchte Verbesserung σ, also

$$m = r\varrho^{s+\sigma}$$

Nach dem Taylorschen Lehrsatze hat man

$$\varrho^{s+\sigma} = \varrho^s + \frac{\sigma}{1} \cdot \frac{d\varrho^s}{ds} + \frac{\sigma^2}{1 \cdot 2} \cdot \frac{d^2\varrho^s}{ds^2} + \cdots$$

das dritte Glied und die folgenden kann man nicht einführen weil sie keine neuen Unbekannten enthalten. Ihre Vernachlässigung ist aber auch zulässig, wenn σ sehr klein gegen s ist. Man hat alsdann

$$\varrho^{s+\sigma} = \varrho^s + \sigma \cdot \varrho^s \log \text{nat} \, \varrho$$

also

$$m = r \cdot \varrho^{s} + r \sigma \cdot \varrho^{s} \log \text{nat } \varrho$$

Die Unbekannten sind nunmehr r und $r\sigma$. Die Bekannten dagegen

$$k = m$$
$$a = \varrho^{s}$$
$$b = \varrho^{s} \cdot \log \text{nat } \varrho$$

Den Näherungswerth s setze ich, wie so eben gefunden wurde, gleich 2,9. Die natürlichen Logarithmen findet man bekanntlich, wenn man die Briggeschen mit 2,3025 multiplicirt. Im vorliegenden Falle ist das kleinste

$$
\begin{aligned}
\varrho &= \quad 0{,}05487 \\
\log \varrho &= \quad 8{,}73933 - 10 \\
&= -\, 1{,}26067 \\
\log \log \varrho &= \quad 0{,}10060 \, _n \\
\log 2{,}3025 &= \quad 0{,}36221 \\
\log \log \text{nat } \varrho &= \quad \overline{0{,}46281 \, _n} \\
\log \text{nat } \varrho &= -\, 2{,}9027
\end{aligned}
$$

Hiernach sind die Factoren a und b leicht zu berechnen, und man erhält die Bedingungs-Gleichungen

$$0{,}00161797 = 0{,}0000385095 \cdot r - 0{,}0000714333 \cdot r\sigma$$
$$0{,}00300774 = 0{,}0000714333 \cdot r - 0{,}0001335475 \cdot r\sigma$$

Daraus folgt

$$r = \quad 30{,}478$$

und

$$r\sigma = -\, 6{,}2197$$

also

$$\sigma = -\, 0{,}2041$$

Der Exponent $s + \sigma$ ist demnach gleich

$$2{,}6959$$

Der Ausdruck wird also

$$m = 30{,}478 \cdot \varrho^{2{,}6959}$$

Berechnet man hiernach die Werthe von m so betragen deren Abweichungen von den beobachteten und die Quadrate derselben

$$
\begin{array}{ll}
+ \, 0{,}0029 \quad \text{und} & 0{,}00000847 \\
+ \, 0{,}0040 & 0{,}00001624 \\
+ \, 0{,}0047 & 0{,}00002190 \\
+ \, 0{,}0045 & 0{,}00002061 \\
+ \, 0{,}0115 & 0{,}00013248 \\
\hline
& 0{,}00019970
\end{array}
$$

Die Summe der Fehler-Quadrate stellt sich also nur wenig gröſser heraus, als bei dem ersten Ausdrucke, der drei Glieder mit den Factoren ϱ, ϱ^2 und ϱ^3 enthielt. Daſs die Fehler aber sämmtlich positiv sind, der letzte Ausdruck also nicht in angemeſsner Weise die Werthe von m darstellt, rührt allein davon her, daſs σ zu groſs wurde, als daſs σ^2 verschwindend klein geblieben wäre, was doch vorausgesetzt wurde.

Diese Regelmäſsigkeit der Fehler vermindert sich, wenn man in Folge der letzten Rechnung den Näherungswerth s des Exponenten gleich 2,7 setzt. In gleicher Weise findet man alsdann den Ausdruck

$$m = 32{,}143 \cdot \varrho^{2,753}$$

und die Fehler sind

+ 0,0018
+ 0,0015
+ 0,0007
— 0,0011
+ 0,0016

Die Summe ihrer Quadrate beträgt

0,00000975

ist also sehr bedeutend geringer, als sie früher war.

Nichts desto weniger stellen sich die Fehler noch immer bedeutend gröſser heraus, als man bei der Schärfe der Beobachtungen erwarten sollte, und der Exponent 2,75 ist an sich unwahrscheinlich, weil er unerklärlich ist, woher die Untersuchung nicht als geschlossen angesehn werden durfte. Dazu kam noch, daſs die gesuchten Exponenten sich sehr regelmäſsig ändern, wenn sie aus je zwei neben einander liegenden Beobachtungen berechnet werden. In der oben gewählten Reihenfolge der letzteren findet man nämlich unter Zugrundelegung der Formel

$$\log m = \log r + x \cdot \log \varrho$$

aus 1) und 2) $m = 72{,}24 \cdot \varrho^{3,093}$

aus 2) und 3) $m = 45{,}90 \cdot \varrho^{2,913}$

aus 3) und 4) $m = 43{,}13 \cdot \varrho^{2,886}$

aus 4) und 5) $m = 28{,}85 \cdot \varrho^{2,696}$

Es ergiebt sich also daſs bei wachsendem ϱ der Exponent desselben immer kleiner wird, und zugleich auch der Factor r sich vermindert. Dieses läſst vermuthen, daſs man den Werth von ϱ um eine gewisse constante Gröſse vermindern müsse, um die Gleichmäſsigkeit der

Exponenten darzustellen. Hierzu ist auch in der That ein augenscheinlicher Grund vorhanden, denn die Sandkörnchen, welche so eben noch gegen den Rand der Oeffnung sich stützen, verengen die letztere durch denjenigen Theil der über die Oeffnung hinausragt, und selbst wenn sie weiter vortreten, und hindurch fallen, so werden sie durch den Rand etwas zurückgehalten und veranlassen daher eine theilweise Verminderung der Geschwindigkeit und sonach auch der ausfliefsenden Masse.

Der Ausdruck für m läfst sich nicht bequem so umformen, dafs man zugleich diese Verminderung von ϱ, den Exponent x und den Factor r nach der Methode der kleinsten Quadrate berechnen kann, es wird daher zunächst jene Verminderung dem halben Durchmesser eines Sandkörnchens oder 0,01 gleichgesetzt. Man erhält alsdann den Ausdruck

$$m = r\,(\varrho - 0,01)^x$$

und wenn man wieder

$$x = s + \sigma$$

setzt, wo s der letzte Näherungswerth $= 2,7$, und σ die gesuchte Verbesserung ist, so ergiebt sich in gleicher Weise, wie oben die Formel

$$m = r\,(\varrho - 0,01)^{2,7} + r\sigma \cdot (\varrho - 0,01)^{2,7} \cdot \log nat\,(\varrho - 0,01)$$

und man erhält die beiden Bedingungs-Gleichungen

$$0,0019555 = 0,000056268 \cdot r - 0,00010805 \cdot r\sigma$$
$$0,0037654 = 0,000108050 \cdot r - 0,00020921 \cdot r\sigma$$

und hieraus

$$r = 23,398$$

und

$$r\sigma = -5,9137$$

folglich

$$\sigma = -0,253$$

also den Exponent

$$s + \sigma = 2,447$$

oder nahe

$$= 2,5$$

Dieser letzte Exponent läfst sich erklären. Wenn nämlich, wie wahrscheinlich, eine geschlossne Sandmasse durch die Oeffnung hindurch fällt, so ist dieselbe proportional dem Producte aus dem Flächeninhalt der freien Oeffnung in die Geschwindigkeit. Erstere wird offenbar durch

$$(\varrho - x)^2\,\pi$$

ausgedrückt, wenn x die vorstehend ziemlich willkürlich angenommene Verminderung des Radius ausdrückt. Die Geschwindigkeit ist aber, wenn freier Fall stattfindet, der Quadratwurzel aus der Fallhöhe proportional. Bildet sich also über der Oeffnung irgend ein kegelförmiger Raum, in welchem die Sandkörnchen nicht mehr zurückgehalten werden, sondern frei herabfallen, so darf man annehmen, daß die lineären Dimensionen dieses Raumes und sonach auch die verschiedenen Fallhöhen dem Radius der Oeffnung proportional sind. Hierdurch rechtfertigt sich der Ausdruck

$$m = r\,(\varrho - 0{,}01 + x)^{2,5}$$

Vergleicht man denselben wieder mit den Beobachtungen, nachdem die Potenz nach dem binomischen Lehrsatze aufgelöst ist, so erhält man

$$m = (\varrho - 0{,}01)^{2,5}\,r + 2{,}5\,(\varrho - 0{,}01)^{1,5} \cdot rx$$

Die folgenden Glieder darf man unbeachtet lassen, da jedenfalls die gesuchte Correction x sehr klein gegen ϱ oder gegen $\varrho - 0{,}01$ ist.

Die Bedingungs-Gleichungen sind nunmehr

$$0{,}0028761 = 0{,}00012161 \cdot r + 0{,}00085864 \cdot y$$
$$0{,}0202704 = 0{,}00085864 \cdot r + 0{,}00640802 \cdot y$$

indem

$$2{,}5 \cdot rx = y$$

gesetzt wird.

Hieraus ergiebt sich

$$r = \quad 24{,}397$$

und

$$y = -\ 0{,}105800$$

folglich

$$x = \quad 0{,}001735$$

Der gesuchte Ausdruck ist also

$$m = 24{,}397\,(\varrho - 0{,}01173)^{2,5}$$

Berechnet man nach demselben für die verschiedenen ϱ die Werthe von m und vergleicht diese mit den beobachteten, so findet man die nachstehenden Fehler und deren Quadrate

	Fehler	Quadrate
für $\varrho = 0{,}05487$	$+ 0{,}00031$	0,000000096
$= 0{,}08052$	$+ 0{,}00043$	185
$= 0{,}09868$	$+ 0{,}00040$	160
$= 0{,}12017$	$- 0{,}00084$	706
$= 0{,}16784$	$+ 0{,}00029$	84
		Summe 0,000001231

Die Fehler fallen unregelmäfsig und die Summe ihrer Quadrate ist bedeutend geringer als in allen früheren Rechnungen. Dieser Ausdruck schliefst sich also am besten an die zum Grunde gelegten Beobachtungen an, und zugleich spricht für ihn der Umstand, dafs seine Form und namentlich der angenommene Exponent nach den bekannten Gesetzen der Mechanik sich erklären läfst.

Um die wahrscheinlichen Fehler der beiden Constanten r und x zu finden, darf man indessen die Abweichungen von den beobachteten m nicht, wie soeben geschehn, nach dem letzten Ausdrucke berechnen, vielmehr mufs man dabei dieselbe Formel zum Grunde legen, welche nach der Methode der kleinsten Quadrate behandelt wurde, also

$$m = (\varrho - 0{,}01)^{2{,}5} \cdot r + (\varrho - 0{,}01)^{1{,}5} \cdot y$$

Führt man für r und y die gefundenen Werthe ein, so ergeben sich für die fünf verschiedenen ϱ die zugehörigen m sehr nahe eben so grofs, wie sie vorstehend angegeben sind. Die Abweichungen und die Quadrate derselben verändern sich nur wenig und man findet (nach § 30) den wahrscheinlichen Beobachtungsfehler

$$w = 0{,}0004573$$

und hieraus ergiebt sich (nach § 29) der wahrscheinliche Fehler

$$\text{von } r \text{ oder } w(r) = 0{,}1786$$
$$\text{und von } y \text{ oder } w(y) = 0{,}02460$$

Da aber

$$y = 2{,}5 \cdot rx$$

so ist

$$w(y) = 2{,}5 \cdot w(rx)$$

also

$$w(rx) = 0{,}4 \cdot w(y)$$

Indem man nun die wahrscheinlichen Fehler von rx und von r kennt, so läfst sich (nach § 31) auch derjenige von x finden, derselbe ist nämlich

$$w(x) = 0{,}0004031$$

Es könnte noch gefragt werden, welche Sicherheit die Annahme hat, dafs der Exponent gleich 2,5 oder wie grofs der wahrscheinliche Fehler desselben nach der vorstehenden Rechnung ist, wenn man allein auf die Beobachtungen Rücksicht nimmt, und jene theoretische Begründung unbeachtet läfst. Der Ausdruck für den Exponent ist unter Einführung der gefundenen Constanten

$$s = \frac{\log m - \log 24{,}397}{\log(\varrho - 0{,}01173)}$$

Um hieraus s für die verschiedenen m und ϱ zu finden, muſs man wieder bei $\log m$ und $\log(\varrho - 0{,}01173)$ nicht die decadische Ergänzung benutzen, sondern die negativen Werthe der Logarithmen darstellen. Für Zähler und Nenner erhält man alsdann negative Zahlen, die aufs Neue logarithmisch zu behandeln sind. Der Quotient oder s ergiebt sich aus $\log s$ und man findet aus den fünf Beobachtungen

$$s = 2{,}5107$$
$$= 2{,}5052$$
$$= 2{,}5029$$
$$= 2{,}4960$$
$$= 2{,}5007$$

im Mittel 2,5031 also sehr nahe dem angenommenen Werthe gleich. Sucht man die Differenzen gegen das Mittel und die Quadrate derselben, so findet man die Summe der letzteren

$$= 0{,}000118$$

woraus der wahrscheinliche Fehler der einzelnen Werthe von s sich gleich

$$0{,}0134$$

und der des arithmetischen Mittels (§ 31) gleich

$$0{,}00599$$

ergiebt. Die Abweichung des Mittels von dem angenommenen Werthe ist also nur etwa halb so groſs, als der wahrscheinliche Fehler jenes Mittels, und man darf demnach diese Abweichung unbedingt als Folge der unvermeidlichen Beobachtungsfehler ansehn.

Schlieſslich muſs noch erwähnt werden, daſs die vorstehende Rechnung in dieser Ausführlichkeit nur deshalb gemacht und mitgetheilt ist, um Beispiele der verschiedenen Anwendungen der Methode der kleinsten Quadrate zu geben und um zugleich dem Ungeübten zu zeigen, wie die Zahlenrechnung namentlich bei logarithmischer Behandlung zu führen ist. Wenn man wie hier das Gesetz nicht kennt, dem die Beobachtungen folgen, so wird man immer wohlthun, mit der Vergleichung einzelner Beobachtungen unter sich den Anfang zu machen, indem man die gesuchten Constanten unter Zugrundelegung eines gewissen Gesetzes aus soviel Beobachtungen berechnet als Constanten eingeführt sind. Wendet man dieses Verfahren sowohl auf die gröſseren, als auf die kleineren beobachteten Werthe an, und vergleicht die Resultate beider, so ist man gemeinhin schon im Stande zu beurtheilen, ob das angenommene Gesetz

der Erscheinung entspricht oder nicht, und im ersten Falle kommt
es alsdann nur noch darauf an, die wahrscheinlichsten Werthe der
Constanten zu finden.

§ 35.

Als zweites Beispiel der Anwendung der Wahrscheinlichkeits-
Rechnung auf Gegenstände dieser Art mag ein sehr wichtiger Er-
fahrungs - Satz der Wasserbaukunst nach den vorstehend entwickelten
Gesetzen geprüft werden.

Wenn das Wasser in einem geraden und gleichmäfsigen Flufs-
bette oder Canale sich gleichförmig bewegt, so findet eine
gewisse Beziehung zwischen der mittleren Geschwindigkeit (c), dem
relativen Gefälle (a), dem Flächeninhalte des Querprofiles (q) und
dem benetzten Umfange des letzteren (p) statt. Nimmt man an,
dafs der Widerstand dem Quadrat der Geschwindigkeit proportional sei, so gelangt man unter den üblichen Voraussetzungen zu dem
Ausdrucke

$$c = \gamma \sqrt{\frac{a\,q}{p}}$$

wo γ die Constante bedeutet, deren Werth aus den Beobachtungen
zu bestimmen ist. Chezy war der erste, der diese Formel angab,
dieselbe wurde auch später von Woltman und Eytelwein statt der
höchst complicirten, von Dubuat aufgestellten, wieder eingeführt.
Eytelwein fand anfangs unter Zugrundelegung der von Dubuat mitgetheilten Messungen, und zwar auf Rheinländisches Fufsmaafs reducirt

$$\gamma = 90,9$$

also

$$c = 90,9 \sqrt{\frac{a\,q}{p}}$$

Einige Jahre später nahm Eytelwein dieselbe Untersuchung nochmals auf, indem er nicht nur die von Dubuat in kleineren Flüssen
und Canälen angestellten Beobachtungen, sondern auch diejenigen
benutzte, die Brünings, Woltman und Funk am Rhein, an der Weser und andern Flüssen gemacht hatten[*]). Der Widerstand wurde

---

[*]) Abhandlungen der königlichen Akademie der Wissenschaften 1813 und 1814.
Diese Untersuchung ist auch der dritten Ausgabe des Handbuches der Mechanik und
Hydraulik als Anhang beigefügt.

7*

dabei einem Ausdrucke gleichgesetzt, dessen erstes Glied die erste, und dessen zweites Glied die zweite Potenz der Geschwindigkeit zum Factor enthielt, also

$$\frac{\alpha q}{p} = r c + s c^2$$

und Eytelwein fand

$$c = -0,1057 + \sqrt{0,01118 + 8715,6 \cdot \frac{\alpha q}{p}}$$

Die beiden Constanten r und s mußten dabei aus 91 Gleichungen hergeleitet werden, welche die gleich große Anzahl von Beobachtungen darstellten. Um die wahrscheinlichsten Werthe zu finden wählte Eytelwein dasselbe Verfahren, dessen sich Prony in einer ähnlichen Untersuchung bedient hatte[*]), und welches von Laplace herrührte. Bevor nämlich die Methode der kleinsten Quadrate entdeckt war, hatte Laplace in der Untersuchung über die Gestalt der Erde, die Ansicht ausgesprochen[**]), diejenigen Werthe der Constanten seien die wahrscheinlichsten, wobei 1) die algebraische Summe der übrig bleibenden Fehler gleich Null und 2) die Summe der sämmtlichen Fehler, wenn alle als positiv angesehn werden, ein Minimum ist. Diese Bedingungen sind wesentlich verschieden von derjenigen, daß die Summe der Quadrate der übrigbleibenden Fehler ein Minimum sein soll, und namentlich werden dabei die größeren Fehler nicht genügend berücksichtigt. Nichts desto weniger wurde das von Eytelwein gefundene Resultat, welches sich nahe an das von Prony ermittelte anschloß und vor diesem den wichtigen Vorzug hatte, daß es zum Theil auf Messungen an großen Strömen basirte, ziemlich allgemein angenommen. Lejeune Dirichlet, der damals in Paris studirte, übersetzte auf den Wunsch Prony's diese Abhandlungen, und letzterer war sehr erfreut, eine sehr vollständige Bestätigung des von ihm aufgestellten Gesetzes zu finden. Auch d'Aubuisson[***]) begnügte sich später die von Eytelwein gefundenen Resultate anzuführen. Durch diese schien die Theorie der Bewegung des Wassers in Flußbetten abgeschlossen.

Bei der großen Wichtigkeit des Gegenstandes rechtfertigt es sich gewiß, die Werthe der Constanten nach der richtigen Methode zu berechnen und zugleich zu untersuchen, welche Wahrscheinlichkeit diese Resultate haben.

---

[*]) *Recherches physico-mathématiques sur la théorie des eaux courantes.* Paris 1804.
[**]) *Mécanique céleste. Liv. III, art. 39 et 40.*
[***]) *Traité d'hydraulique.* Paris 1834 Seite 111.

Aus der von Eytelwein mitgetheilten Vergleichung der durch Rechnung dargestellten Werthe mit den beobachteten ergiebt sich, dafs die Messungen, welche von Funk herrühren, weit weniger übereinstimmen, als die übrigen, obwohl von denselben schon einige gar nicht benutzt wurden, weil sie sehr abweichende Resultate gaben. Dafs eine solche Ausschliefsung einzelner Messungen, und zwar nur deshalb, weil sie von den übrigen abweichen, sehr gewagt ist, und leicht grofse Irrthümer veranlassen kann, ist bereits oben § 21 nachgewiesen worden. Jedenfalls aber mufsten die von verschiedenen Beobachtern herrührenden Messungen besonders geprüft werden, weil ihre Genauigkeit sehr verschieden war.

Von Brünings rühren sechszehn Beobachtungen her, welche aus den Mittheilungen von Wiebeking[*]) entlehnt sein sollen. Eine nähere Vergleichung mit diesem Werke zeigte indessen aufser dem Druckfehler in der 59 ten noch eine kleine Unrichtigkeit in der 62ten Beobachtung, insofern der Umfang p doch gröfser, als die Breite sein mufs. Aufserdem hat Wiebeking siebenzehn Beobachtungen von Brünings mitgetheilt, von denen jedoch eine, nämlich Litt. F ohne Angabe eines Grundes von Eytelwein ausgelassen ist. Am meisten überrascht es aber, dafs Wiebeking das Gefälle dieser Stromstrecken zur Zeit der Messungen, oder α, gar nicht mittheilt, während Eytelwein dafür bestimmte Werthe eingeführt und diese der Rechnung zum Grunde gelegt hat. Aus dem ganzen Zusammenhange läfst sich nicht entnehmen, dafs die Gefälle wirklich gemessen wurden. Der Zweck dieser Messungen war nämlich nur die Feststellung, in welchem Verhältnifs die Wassermenge des obern Rheins zwischen Whaal, Leck und Yssel sich vertheilt, wozu die Querschnitte und Geschwindigkeiten schon genügten. Am Schlusse der erwähnten Stelle im Wiebeking'schen Werke werden freilich die Neigungs-Verhältnisse des Rheins und der Whaal im Allgemeinen angegeben, doch beziehn sich diese keineswegs auf die Stellen und die Zeiten, in denen die Profile und die Geschwindigkeiten gemessen wurden, und stimmen aufserdem auch nicht entfernt mit denjenigen überein, die Eytelwein zum Grunde gelegt hat.

Woltman[**]) spricht gleichfalls von diesen Messungen, die Brünings ihm mitgetheilt hatte, und rühmt die grofse Sorgfalt, womit die Geschwindigkeiten beobachtet wurden, dafs aber gleichzeitig die Gefälle gemessen wären, erwähnt er nicht, er sagt vielmehr ausdrück-

---

[*]) Allgemeine Wasserbaukunst. Erste Ausgabe 1798. Theil I Seite 344 — 388.
[**]) Beiträge zur hydraulischen Architectur. Band III. Seite 350 ff.

lich, daſs es nur Absicht gewesen „zu wissen, wie sich die Wasser-
mengen dieser verschiedenen Flüsse gegen einander verhalten."

Dagegen hat Funk*) dieselben sechszehn Beobachtungen von
Brünings, die Eytelwein benutzte und die gleichfalls aus Wiebeking's
Werk entnommen sein sollen, zusammengestellt, und seine Angaben
stimmen mit Ausschluſs jenes Druckfehlers genau mit denen von
Eytelwein überein. Funk giebt auch die relativen Gefälle oder die
Neigungs-Quotienten an, welche sieben verschiedene Werthe haben.
Woher er diese entnommen, theilt er nicht mit, und da jede andre
Vermuthung an sich höchst unwahrscheinlich wäre, so muſs man
zunächst voraussetzen, er und nach ihm Eytelwein haben von diesen
Gefällen auf irgend eine Weise sichere Kenntniſs erhalten.

Um aus diesen sechszehn Beobachtungen Resultate zu ziehn,
mögen dieselben mit dem einfachsten Ausdruck

$$c = \gamma \sqrt{\frac{\alpha q}{p}}$$

verglichen werden. Sie sind nachstehend in der Reihenfolge zusammengestellt, wie Funk sie geordnet hat, wobei jede der sieben Gruppen die Beobachtungen umfaſst, in denen das Gefälle oder der Nei-
gungs-Quotient derselbe sein soll. Die letzte Spalte enthält den jedesmaligen Werth von γ.

Nummer der Beobachtung nach		Neigungs-Quotient	γ
Funk	Eytelwein		
1	52	7571	98,026
2	62	7571	90,894
3	44	9045	80,053
4	54	9045	90,900
5	53	4542	83,058
6	67	4542	90,888
7	45	7957	84,458
8	55	7957	100,823
9	60	7957	109,165
10	61	7957	90,900
11	34	4931	86,190
12	56	4931	90,892
13	43	6701	90,074
14	50	6701	90,892
15	47	5825	86,632
16	59	5825	90,919

*) Beiträge zur allgemeinen Wasserbaukunst. 1808 Seite 97.

Der wahrscheinlichste Werth von γ oder das arithmetische Mittel aus den vorstehenden ist 90,923. Die Summe der Quadrate der Abweichungen von demselben ist

$$[xx] = 702,542$$

daher der wahrscheinliche Beobachtungs-Fehler

$$w = 0{,}67450 \cdot \sqrt{\frac{[xx]}{m-1}}$$

$$= 0{,}67450\sqrt{\frac{702{,}542}{15}}$$

$$= 4{,}6160$$

Bei dieser Größe des Beobachtungs-Fehlers ist es ein höchst wunderbares Zusammentreffen, daß in jeder der sieben Gruppen und zwar jedesmal in der letzten Beobachtung, die Werthe von γ sehr nahe dieselben sind, und sogar bis auf geringe Abweichungen, die im Maximum nur 0,019 betragen, sich dem bereits früher von Eytelwein eingeführten Werthe $\gamma = 90{,}9$ nähern. Die mittlere Abweichung beträgt bei diesen Beobachtungen nur 0,0076, sie ist also noch nicht dem 500ten Theile des wahrscheinlichen Beobachtungsfehlers gleich, sondern nur $0{,}00165 \cdot w$. Aus der Tabelle im Anhange B ergiebt sich, daß für einen Fehler, der innerhalb dieser Grenze bleibt, die Wahrscheinlichkeit oder $\int y\,dx$ nur 0,0000885 ist, oder daß man 11296 gegen 1 wetten konnte, daß in der letzten Beobachtung der ersten Gruppe diese Uebereinstimmung sich nicht darstellen würde. Nun wiederholt sich aber dieser ganz unglaubliche Fall siebenmal nach einander an derselben Stelle, es ist also ein Ereigniß eingetreten, dessen Wahrscheinlichkeit der siebenten Potenz jenes kleinen Bruches gleich ist. Dieselbe drückt sich durch eine Zahl aus, in welcher auf das Decimal-Komma zunächst 28 Nullen und sodann die Ziffern 4265 folgen. Dieser Bruch werde durch μ bezeichnet.

Die Wahrscheinlichkeit für das vorliegende Ereigniß, wenn dasselbe wirklich nur zufällig eintrat, ist demnach unglaublich geringe, und eben deshalb wird der Verdacht rege, daß es nicht durch Zufall, sondern absichtlich herbeigeführt wurde. Indem es an sich sehr unwahrscheinlich ist, daß Eytelwein, der doch in naher Beziehung zu Funk stand, gar nicht erfahren habe, daß Letzterer die angegebenen Gefälle nicht aus wirklichen Beobachtungen entnommen, sondern dieselben eben nach der Eytelweinschen Formel berechnet habe, so setze man die Wahrscheinlichkeit einer solchen Voraussetzung nur 0,0001 und schließe (nach § 6) von dem Ereignisse

auf die Ursachen desselben. Man findet alsdann die Wahrscheinlichkeit der ersten Ursache, also des Zufalles, gleich

$$\frac{\mu}{\mu + 0,0001}$$

und die der zweiten, oder der Annahme, daſs die Gefälle berechnet
worden, gleich

$$\frac{0,0001}{\mu + 0,0001}$$

Beide verhalten sich daher zu einander, wie

$$\mu : 0,0001$$

oder wie

1 zu 23447 000000 Billionen.

Gewiſs giebt es nur wenig Wahrheiten, die mit einer so groſsen
Wahrscheinlichkeit sich als solche herausstellen, wie diese zweite
Voraussetzung, und es wäre eine sehr vortheilhafte Wette, wenn
man alles Gold und Silber, welches geprägt und ungeprägt im Um-
laufe ist, gegen einen Pfennig auf die Behauptung verwetten könnte,
daſs in der in Rede stehenden Untersuchung die Gefälle nicht wirklich gemessen, sondern nach der Eytelwein'schen Formel berechnet
wurden.

Es leidet sonach keinen Zweifel, daſs Funk, wahrscheinlich in
der Absicht die Beobachtungen von Brünings möglichst zu vervollständigen, nach jener Formel die Gefälle berechnete. Wenn daher
Eytelwein hieraus wieder das Gesetz der Bewegung des Wassers
herleitete, so konnte dasselbe von dem früher zum Grunde gelegten nicht bedeutend abweichen, und es muſste auch mit den von
Prony gefundenen Resultaten nahe übereinstimmen, da auch diese
aus denselben wirklichen Beobachtungen hergeleitet waren. Hätte
aber Funk für jede einzelne Messung mit gröſserer Schärfe die
Rechnung geführt, so würde Eytelwein aus diesen Beobachtungen
gefunden haben, daſs der Factor der ersten Potenz der Geschwindigkeit gleich Null, und der der zweiten genau derselbe ist, den er
früher gefunden hatte, weil aus diesem die angeblichen Beobachtungen hergeleitet waren.

Was die von Funk an der Weser angestellten Messungen betrifft, so sollte man zwar vermuthen daſs dieselben wirklich vollständig ausgeführt wären, insofern der Mittheilung dieser Beobachtungen
eine sehr ausführliche Beschreibung des Weser-Nivellements vorangeht. Nichts desto weniger erweckt es schon Verdacht, daſs bei
den verschiedensten Wasserständen die Gefälle immer dieselben

bleiben. Wenn man aber aus diesen einzelnen Beobachtungen den Coefficient γ herleitet, so bemerkt man auch hier die an sich ganz unwahrscheinliche Eigenthümlichkeit, daſs in jeder Reihe einmal der Eytelwein'sche Coefficient 90,9 vorkommt, und zwar geschieht dieses viermal, nämlich in den Reihen, die Funk mit H, I, K und M bezeichnet, wieder in den letzten Beobachtungen, wogegen in der Reihe L, die nur aus zwei Messungen besteht, das Gefälle zweimal berechnet, und aus beiden Werthen das Mittel genommen zu sein scheint. In der Reihe G entspricht dagegen das Gefälle demjenigen, das für den Wasserstand 10,54 berechnet wurde.

Der Untersuchung Eytelweins sind also groſsen Theils Beobachtungen zum Grunde gelegt, die nicht wirklich gemacht, sondern nur fingirt waren, und unglücklicher Weise trifft dieser Vorwurf gerade diejenigen, welche sich auf groſse Ströme beziehn, und die daher vorzugsweise wichtig erscheinen. Wenn man von diesen absieht, so bleiben nur noch die Beobachtungen von Dubuat und Woltman übrig. Gegen die Glaubwürdigkeit derselben begründet sich kein Verdacht, sie beziehn sich aber nur auf kleinere Wasserläufe. Dubuats Versuche sind sogar in der groſsen Mehrzahl nur an hölzernen Rinnen angestellt. Wenn von diesen abgesehn wird, so bleiben nur die Messungen im Canal du Jard und im Haine Flusse übrig, deren Breite 30 bis 45 Fuſs betrug *). Es sind im Ganzen 10 Beobachtungen, doch dürfen die beiden ersten nicht berücksichtigt werden, da sie vor der Krautung des Canales angestellt wurden. Die vier Beobachtungen von Woltman beziehn sich dagegen auf kleine Entwässerungs-Gräben bei Cuxhaven von 8 und 14 Fuſs Breite **).

Man könnte auch gegen diese wenigen Messungen noch das Bedenken erheben, daſs die Geschwindigkeiten sowol von Dubuat, wie von Woltman, nur in der Oberfläche gemessen wurden, also die mittleren Geschwindigkeiten unbekannt sind. Eine Reduction nach irgend einer der verschiedenen dafür vorgeschlagenen Regeln würde indessen immer sehr zweifelhaft bleiben und auſserdem auch zu keinen erheblichen Aenderungen führen. Dazu kommt aber noch, daſs bei so kleinen Canälen in Folge des festen Zusammenhanges der Oberfläche des Wassers, in dieser die Geschwindigkeit stets etwas kleiner, als in der Tiefe von einigen Zollen ist, woher man kaum annehmen darf, daſs sie von der mittleren bedeutend abweicht.

In der folgenden Zusammenstellung sind die Beobachtungen von

---

*) *Dubuat principes d'hydraulique. II. Volume. Sect. I. partie 8.*
**) Beiträge zur Baukunst schiffbarer Canäle. Seite 286 und 287.

Dubuat durch Arabische und die von Woltman durch Römische Ziffern bezeichnet und nach den Geschwindigkeiten geordnet. Sie sind sämmtlich auf Rheinländisches Fufs-Maafs reducirt, und zunächst ist aus jeder einzelnen nach der Formel

$$c = \gamma \sqrt{\frac{\alpha q}{p}}$$

die Constante γ berechnet. Von den in der fünften Spalte beigefügten Abweichungen x wird später die Rede sein.

Nummer	c	$\dfrac{\alpha q}{p}$	γ	x
177	0,627	0,000 0590	81,68	— 0,000 0120
179	0,672	0,000 0683	81,33	— 0,000 0147
178	0,829	0,000 0913	86,74	— 0,000 0114
III	0,895	0,000 1264	79,57	— 0,000 0339
IV	0,895	0,000 1150	83,43	— 0,000 0225
I	1,019	0,000 1398	86,14	— 0,000 0211
181	1,174	0,000 1427	98,32	+ 0,000 0135
180	1,357	0,000 1634	106,20	+ 0,000 0435
II	1,369	0,000 2071	95,13	+ 0,000 0035
183	1,377	0,000 1587	109,26	+ 0,000 0540
184	2,740	0,000 8707	92,87	— 0,000 0507
182	3,029	0,000 9709	97,20	+ 0,000 0281

Man kann hiernach mit einiger Wahrscheinlichkeit annehmen, dafs γ nicht constant ist, sondern bei zunehmender Geschwindigkeit etwas gröfser wird. Es wurde daher noch der Versuch gemacht, in gleicher Weise, wie Prony und Eytelwein gethan, diese Beobachtungen an den Ausdruck

$$\frac{\alpha q}{p} = r c + s c^2$$

anzuschliefsen. Bei Anwendung der Methode der kleinsten Quadrate (§ 17) hat man alsdann die beiden Bedingungs-Gleichungen

$$\left[\frac{\alpha q}{p} \cdot c \right] = [c^2] r + [c^3] s$$

und

$$\left[\frac{\alpha \cdot q}{p} \cdot c^2 \right] = [c^3] r + [c^4] s$$

oder durch Einführung der Zahlenwerthe aus der vorstehenden Tabelle

$$0,006737 = 27,847 \cdot r + 61,272 \cdot s$$
$$0,017088 = 61,272 \cdot r + 156,158 \cdot s$$

Man findet daraus
$$r = 0,000\,008\,468$$
$$s = 0,000\,106\,106$$
und wenn man mit Benutzung dieser Werthe, für die verschiedenen Geschwindigkeiten, $\frac{a\,q}{p}$ berechnet, so weichen die letzteren von den beobachteten um diejenigen x ab, welche in der vorstehenden Tabelle angegeben sind. Die Summe der Quadrate der Abweichungen beträgt
$$[x\,x] = 0,000\,000\,010\,954$$
Hieraus ergiebt sich der wahrscheinliche Beobachtungs-Fehler (§ 30)
$$w = 0,000\,022\,323$$
und mit Benutzung desselben findet man (§ 29) die wahrscheinlichen Fehler der Constanten r und s
$$w(r) = 0,000\,006\,987$$
$$w(s) = 0,000\,002\,950$$
Hieraus ergiebt sich, daß die Constante r nur sehr wenig größer als ihr wahrscheinlicher Fehler ist, man hat nämlich annähernd
$$r = 1,2 \cdot w(r)$$
und man kann (nach der Tabelle, Anhang B) nur 58 gegen 42 oder 7 gegen 5 wetten, daß die Constante r nicht Null ist, oder daß in der zum Grunde gelegten Gleichung überhaupt ein Glied vorkommt, welches die erste Potenz der Geschwindigkeit als Factor enthält.

Diese 12 Beobachtungen, welche unter den 91, die Eytelwein benutzte, allein brauchbar sind, rechtfertigen demnach nur mit einer sehr geringen Wahrscheinlichkeit die Einführung des Gliedes $r \cdot c$ in den früher von Chezy und Woltman benutzten Ausdruck. Das Resultat würde sich freilich anders herausstellen und in höherem Grade die von Prony angegebene Formel bestätigen, wenn man die Beobachtung Nr. 184, die Dubuat gemacht hat, unberücksichtigt lassen dürfte. Ein solches Verfahren wäre indessen durchaus nicht gerechtfertigt. Man könnte dasselbe auch erreichen, wenn man nicht die Summe der Quadrate der absoluten, sondern die der relativen Abweichungen (§ 21) zu einem Minimum machen wollte. In diesem Falle würden nämlich die Beobachtungen bei kleineren Geschwindigkeiten, für welche die Abweichungen x sechsmal hinter einander negativ sind, eine größere Geltung erhalten. Aber auch hierzu liegt kein Grund vor, weil nicht anzunehmen, daß diese Messungen mit größerer Schärfe ausgeführt sind, als die übrigen, die sich auf größere Geschwindigkeiten beziehn.

§ 36.

Sehr wichtig ist die Anwendung der Wahrscheinlichkeits-Rechnung auf Untersuchungen über die Festigkeit der Bau-Materialien. Die Mittelwerthe die man dabei gewöhnlich allein berücksichtigt, sind nur in dem Falle als ausreichend anzusehn, wenn zahlreiche Verbandstücke sich gegenseitig so unterstützen, daß die zufällig größere Festigkeit eines Stückes den Bruch eines andern schwächeren verhindert. Dieses wäre beispielsweise der Fall, wenn eine große Last gleichmäßig an viele Zugstangen gehängt würde. Eine solche Anordnung kommt indessen bei Constructionen wohl nur selten vor, meist trifft auf jedes Verbandstück ein gewisser Druck oder Zug, und es kommt darauf an, ihm solche Dimensionen zu geben, daß es mit Sicherheit den nöthigen Widerstand leistet. Der aus Versuchen hergeleitete Mittelwerth bezeichnet nur die wahrscheinlichste Größe der Festigkeit, läßt aber nicht erkennen, mit welcher Wahrscheinlichkeit man gewisse Abweichungen erwarten darf, und welche Verstärkungen man daher anbringen muß, um letztere unschädlich zu machen. Diese Abweichungen lassen sich aber sehr leicht und sicher aus der Vergleichung der einzelnen Messungen mit dem Mittelwerthe erkennen und durch den wahrscheinlichen Fehler ausdrücken. Letzterer ist in diesem Falle zwar kein Beobachtungs-Fehler, vielmehr beruht er auf der unvermeidlichen Verschiedenheit des Materials, da diese aber wieder zufällig ist, so gelten auch für sie die obigen Gesetze.

Der wahrscheinliche Fehler läßt sich auch in diesem Falle um so sicherer bestimmen, je größer die Anzahl der Versuche ist, und je vollständiger dieselben alle Abstufungen des Materials umfassen, das in der Construction benutzt werden soll. Sind einzelne Stücke so fehlerhaft, daß ihre schlechte Beschaffenheit sich schon bei der Abnahme erkennen läßt, so braucht man die Versuche nicht auf sie auszudehnen, wohl aber kommen sehr häufig verborgene Fehler vor, und diese veranlassen, daß einzelne Versuche ein besonders ungünstiges Resultat geben. Tritt ein solches ein, so darf dieses keineswegs als unbrauchbar vernachläßigt werden, es dient vielmehr wesentlich zur richtigen Bestimmung des wahrscheinlichen Fehlers.

Gemeinhin lassen sich solche Versuche nicht im Großen anstellen, nur bei gewalztem Eisen pflegt man die Elasticität der sämmtlichen Haupt-Verbandstücke zu prüfen. Die meisten Versuche

werden in kleinen Dimensionen gemacht, wobei aber die vorhandenen Mängel des Materials viel augenscheinlicher hervortreten, und
kaum noch ein bedeutender Fehler unbemerkt bleiben kann. Diesen
Unterschied darf man nicht unbeachtet lassen, und daher nicht etwa
annehmen, daſs die Festigkeit eines Balkens verhältniſsmäſsig eben´
so groſs sei, wie die eines kleinen Prismas, das aus gesundem und
gerade-fasrigem Holze ausgeschnitten ist.

Als Beispiel für Untersuchungen dieser Art wähle ich die Messungen der absoluten Festigkeit des Eisens, die in der Fabrik von
J. C. Harkort auf Harkotten im October 1860 angestellt wurden*).
Stäbe von Rundeisen etwa 10 Zoll lang und 9 Linien stark wurden
auf 2 Zoll Länge cylindrisch abgedreht, so daſs hier der Durchmes-
ser $\frac{5}{8}$ Zoll oder $7\frac{1}{2}$ Rheinländische Linien hielt. Die nachstehende
Tabelle giebt die Gewichte in Pfunden an, unter denen die Cylin-
der zerrissen wurden. Die siebenzehn untersuchten Eisensorten waren aus verschiedenen inländischen Fabriken bezogen (die in einér
besondern Anlage zur Zeitschrift zum Theil benannt sind). Das
Eisen war im Bruche theils körnig, theils sehnig, und theils war es
in Cokesfeurung theils mit Holzkohlen dargestellt. Die Mittelwerthe
stellen sich dabei wohl verschieden heraus, doch sind diese Unterschiede geringer, als diejenigen die zuweilen in derselben Eisensorte
vorkommen, woher nachstehend die Resultate aller Proben gemeinschaftlich behandelt sind. Dieses war auch nothwendig, um eine groſse
Anzahl von Beobachtungen der Rechnung zum Grunde zu legen.

Die erste Spalte bezeichnet die Nummer der Eisensorte, die
zweite die des Versuches und die dritte das Gewicht in Pfunden,
wobei der abgedrehte Cylinder zerriſs. Der Querschnitt des letzteren maaſs in allen Proben 0,307 Quadrat-Zoll.

1	1	18091	4	10	20000
	2	16945		11	20000
	3	16945		12	24727
2	4	20010	5	13	14491
	5	20364		14	19910
	6	20364		15	19910
3	7	15727	6	16	14855
	8	15727		17	14491
	9	14910			

*) Beilage zu Nr. 22 der Zeitschrift: Berggeist. 1861.

7	18	14036		13	35	19540
	19	14455			36	19540
8	20	16740			37	17680
	21	17680		14	38	14880
	22	15820			39	13960
9	23	17680			40	15820
	24	16740		17	41	16740
	25	16740			42	17680
10	26	21400			43	17680
	27	21400		18	44	13960
	28	20460			45	15820
11	29	21400			46	16740
	30	20460		19	47	15820
	31	20460			48	16740
12	32	16740			49	16740
	33	17680				
	34	17680				

In dem bereits erwähnten Blatte sind die Eisensorten Nr. 1, 3, 6, 7, 8, 10, 12, 14 und 19 als sehnig, Nr. 5 und 18 als halb sehnig und halb körnig und Nr. 2, 4, 9, 11, 13 und 17 als körnig bezeichnet. Die Mittelwerthe dieser drei Gattungen verhalten sich zu einander, wie

$$1 : 1{,}010 : 1{,}162$$

Man kann daraus schließen, daß das körnige Eisen fester ist, als das sehnige, aber die Sorte Nr. 4 welche nach einer Probe die festeste von allen war, weicht nur sehr wenig von dem sehnigen Eisen Nr. 10 ab, und die Festigkeit des halb sehnigen und halb körnigen Eisens ist im Mittelwerthe sehr nahe eben so groß, wie die des sehnigen.

Ferner sind die Sorten Nr. 8, 9 und 17 als Holzkohlen-Eisen, Nr. 1, 2, 3, 4, 5, 6, 7, 10, 11, 12, 13 und 19 als Cokes-Eisen bezeichnet, während Nr. 18 mit Holzkohlen und Cokes bereitet war. Die Mittelwerthe der Festigkeit dieser drei Gattungen verhalten sich, wie

$$1 : 1{,}034 : 0{,}909$$

Diese Unterschiede sind theils geringer, theils aber stellen sie sich noch unregelmäßiger heraus, als die früheren.

Dagegen zeigen sich in verschiedenen Proben derselben Eisensorten Differenzen, die viel gröſser, als die vorstehenden sind, so

in der Sorte Nr. 4 $20000 : 24727 = 1 : 1,236$
in der Sorte Nr. 5 $14490 : 19910 = 1 : 1,374$

Hiernach rechtfertigt es sich gewiſs, daſs die sämmtlichen Versuche gemeinschaftlich behandelt sind. Die Summe aller Gewichte, unter denen die Cylinder zerrissen, beträgt 864378 Pfd. und die Zahl der Versuche 49. Der mittlere Werth der absoluten Festigkeit stellt sich also auf 17640 Pfd. Sucht man die Differenzen zwischen diesem Werthe und den einzelnen Beobachtungs-Resultaten, und quadrirt dieselben, so findet man die Summe der Fehlerquadrate gleich 286 742 000. Hieraus ergiebt sich der wahrscheinliche Fehler (§ 30) sehr nahe gleich 1650 Pfund.

Nunmehr läſst sich auf die Festigkeit eines Stabes schlieſsen der im Querschnitt 1 Quadratzoll hält, dessen Länge aber wie bei den Proben nur 2 Zoll miſst. Der Querschnitt des einzelnen Cylinders war 0,307 Quadratzoll. 3,26 derselben bilden also einen Zoll. Der Mittelwerth für die absolute Festigkeit dieses Stabes ist demnach

$$3,26 \cdot 17640 = 57\,500 \text{ Pfd.}$$

Den entsprechenden wahrscheinlichen Fehler findet man in gleicher Weise, wie den wahrscheinlichen Fehler der Länge einer Linie, die durch mehrfaches Ausspannen der Kette gemessen wurde. Ist die Linie n mal so groſs, als die Kette, und der wahrscheinliche Fehler des einzelnen Kettenschlages gleich w, so ist der wahrscheinliche Fehler der ganzen Linie gleich $w \sqrt{n}$. Eben so ist der wahrscheinliche Fehler in der Bestimmung des Stabes von 1 Quadratzoll Querschnitt gleich

$$1650 \sqrt{3,26} = 2980 \text{ Pfd.}$$

Der Einfluſs, den verschiedene Längen auf diese Bestimmungen haben, ist nicht so einfach zu bezeichnen. Die Mittelwerthe der Festigkeit ändern sich dabei nicht, aber wohl fragt es sich, ob der wahrscheinliche Fehler bei längern und kürzeren Stäben derselbe bleibt. Dieses würde gewiſs eben so wenig, wie bei jener Linie der Fall sein, wenn der ganze Stab sich aus so verschiedenen kurzen Stücken zusammensetzte, wie bei den Versuchen angewendet wurden. Der wahrscheinliche Fehler für einen Stab von 1 Fuſs Länge würde alsdann, da die Proben nur 2 Zoll lang waren, gleich

$$2980 \sqrt{6} = 7300 \text{ Pfd.}$$

sein. Eine so starke Abwechselung ist zwar nicht wahrscheinlich, da der einzelne Stab in seiner ganzen Länge nahe aus demselben Material besteht und unter gleichen Umständen durch die Walzen gegangen ist, er hat also voraussichtlich eine gleichmäfsigere Textur. Dagegen darf man aber nicht unbeachtet lassen, dafs in den dünnen Stäben, die zu den Proben verwendet wurden, die Fehler sich viel leichter erkennen liefsen, und daher im Allgemeinen gleichmäfsigere Stücke als bei der Verwendung im Grofsen, benutzt wurden. Um hierauf einigermaafsen Rücksicht zu nehmen, wird der so eben gefundene Werth des wahrscheinlichen Fehlers beibehalten.

Kommen in der Construction, die man beabsichtigt, Stäbe von gröfserem Querschnitt und gröfserer Länge vor, wie so oft geschieht, so wird der wahrscheinliche Fehler der Festigkeit auf den einzelnen Quadratzoll bei der Vermehrung des Querschnittes sich vermindern, bei der gröfsern Länge aber, da diese leicht verschiedene Texturen umfafst, sich vergröfsern. Ein genaueres Eingehn in diese Verhältnisse ist im Allgemeinen unthunlich, da die jedesmalige Sorgfalt in der Fabrikation hierauf grofsen Einflufs hat. Es mag daher angenommen werden, dafs beide Aenderungen des wahrscheinlichen Fehlers sich aufheben, also für jedes Stück die absolute Festigkeit für den Quadratzoll gleich 57500 Pfd. und der wahrscheinliche Fehler dieser Bestimmung gleich 7300 Pfd. sei.

Nunmehr kommt es darauf an, den Grad der Sicherheit, die man erreichen will, festzustellen. In manchen Fällen wird es genügen, hierfür die Grenze so zu bestimmen, dafs man 1 gegen 1 darauf wetten kann, dafs unter 1000 Stücken nur eins zerreifst. Handelt es sich aber um eine Construction, wobei eine grofse Anzahl solcher einzelner Stücke vorkommen, so ist dieses offenbar nicht genügend, und man wird mindestens fordern müssen, dafs dieselbe Wette für 10000 Stücke gilt.

Ist vorstehende Frage beantwortet, also beispielsweise die zulässige Wahrscheinlichkeit des Bruches auf 0,0001 bestimmt, so läfst sich aus der Tabelle im Anhange C leicht die entsprechende Belastung auf den Quadratzoll Querschnitt finden.

Dem Werthe $W = 0,0001$ entspricht $n = 5,52$: Man mufs also (§ 32) von dem Mittelwerthe 57500 das n fache des wahrscheinlichen Fehlers abziehn, um die Wahrscheinlichkeit eines Bruches auf das geforderte Maafs zurückzuführen. Die zulässige Belastung darf daher nur betragen

$$57500 - 5,52 \cdot 7300 = 18200 \text{ Pfd.}$$

Wenn dieses Maafs der zulässigen Belastung beinahe das doppelte von demjenigen ist, welches man bei Eisen-Constructionen zu wählen pflegt, und von dem man wohl annehmen darf, daſs es durch vielfache Erfahrungen ungefähr bestätigt wird, so rührt dieses vorzugsweise davon her, daſs man sich nicht nur gegen ein sofortiges Zerreiſsen sichern will, worauf sich die hier zum Grunde gelegten Versuche beziehn, sondern daſs man schon Ausdehnungen vermeiden muſs, welche die Elasticitäts-Grenze überschreiten, die also in späterer Zeit einen Bruch veranlassen könnten.

Dieses Beispiel ist nur deshalb gewählt, weil es eine groſse Anzahl von unmittelbaren Messungen umfaſst, während in sonstigen Veröffentlichungen ähnlicher Beobachtungen nur die Mittelwerthe mitgetheilt werden, welche über die vorgekommenen und zu erwartenden Abweichungen, also über die Gröſse der wahrscheinlichen Fehler, gar keinen Aufschluſs geben. Die vorstehende Rechnung soll nur zeigen, wie die Untersuchung zu führen ist, sobald zahlreiche Beobachtungen vorliegen.

§ 37.

Es mag noch von der Anwendung der Wahrscheinlichkeits-Rechnung auf einige der gewöhnlichsten Fälle beim Feldmessen die Rede sein.

Man habe in einem Dreiecke, das man bei der mäſsigen Länge seiner Seiten als ein ebenes ansehn kann, die drei Winkel gemessen, aber in Folge der unvermeidlichen Beobachtungsfehler sei die Summe derselben nicht, wie sie sein sollte 180 Grade, sondern um die Gröſse μ geringer, woher die gemeſsnen Winkel

$$a + b + c = 180^0 - \mu$$

Es sind also gewisse Verbesserungen dabei anzubringen, die mit α, β und γ bezeichnet werden, und deren wahrscheinlichste Werthe man sucht, während man weiſs, daſs

$$\alpha + \beta + \gamma = \mu$$

folglich
$$\gamma = \mu - \alpha - \beta$$
$$d\gamma = - d\alpha - d\beta$$

Die wahrscheinlichste Annahme ist, daſs die Summe der Quadrate der Fehler ein Minimum darstellt, woher

$$2\alpha d\alpha + 2\beta d\beta + 2\gamma d\gamma = 0$$

und wenn man den gemeinschaftlichen Factor 2 fortläſst und für γ und $d\gamma$ die vorstehenden Werthe einführt, so ergiebt sich

$$2\alpha d\alpha + 2\beta d\beta + \alpha d\beta + \beta d\alpha - \mu d\alpha - \mu d\beta = 0$$

Indem $\dot{\beta}$ und α, und sonach auch die Differenziale derselben von einander unabhängig sind, so muß die Summe der Glieder, die $d\alpha$ als Factor enthalten an sich gleich Null sein, und dasselbe gilt auch von denen die $d\beta$ zum Factor haben. Die Gleichung zerfällt also in zwei andre, nämlich

$$2\alpha + \beta - \mu = 0$$

und

$$\alpha + 2\beta - \mu = 0$$

Hieraus ergiebt sich

$$\alpha = \tfrac{1}{3}\mu$$

und

$$\beta = \tfrac{1}{3}\mu$$

und daraus endlich auch

$$\gamma = \tfrac{1}{3}\mu$$

Die wahrscheinlichsten Werthe der anzubringenden Verbesserungen erhält man sonach, wenn man die Differenz der Summe der gemessnen Winkel gegen 180 Grade in drei gleiche Theile zerlegt und jedem Winkel einen solchen Theil zusetzt, oder von demselben abzieht. Dieses Verfahren ist jedoch nur in dem Falle das richtige, wenn man sich bewußt ist, alle drei Winkel mit gleicher Sorgfalt und unter gleich günstigen äußern Umständen gemessen zu haben, so daß die wahrscheinlichen Fehler dieselben sind. Die Sicherheit der Messung eines Winkels ist im Allgemeinen von der Größe desselben unabhängig, die Verhältnisse sind also wesentlich verschieden von den Längenmessungen, bei denen der wahrscheinliche Fehler mit der Länge zunimmt. Es kann indessen leicht geschehn, daß einer jener drei Winkel in Folge äußerer Umstände mit bedeutend größerer oder geringerer Genauigkeit als die andern bestimmt wurde. Dieses wäre zum Beispiel der Fall, wenn man von einem Punkte aus sehr nahe gegen die Sonne visiren mußte, und deshalb das Fernrohr oder die Alhidade nicht so scharf einstellen konnte. Man muß alsdann die Größe des betreffenden wahrscheinlichen Fehlers vergleichungsweise gegen die der übrigen Messungen schätzen. Wenn also beispielsweise die Genauigkeit in der Messung des Winkels a nur halb so groß, oder der wahrscheinliche Fehler doppelt so groß angenommen wird, wie bei b und c, so würde man die Bedingung haben

$$a + 2m + b + m + c + m = 180^\circ$$

und

$$2m + m + m = 4m = \mu$$

woher

$$m = \tfrac{1}{4}\mu$$

und die wahrscheinlichste Verbesserung von a, also $\alpha, = \frac{1}{4}\mu$ und diejenigen von b und c, also β und $\gamma, = \frac{1}{4}\mu$.

Genau dasselbe Verfahren findet auch Anwendung, wenn man die sämmtlichen Winkel eines Polygons gemessen hat. Hat dieses n Seiten, so beträgt die Summe der Winkel $(n-2)$ 180 Grade. Ergiebt die Messung dafür einen um μ gröfseren oder geringeren Werth, so wird unter der Voraussetzung einer gleichen Schärfe in allen Messungen die wahrscheinlichste Verbesserung eingeführt, wenn man jedem Winkel $\dfrac{1}{n}\mu$ zusetzt, oder ihn um diese Quantität vermindert.

Häufig kommt es vor, namentlich wenn die Lage des Stations-Punktes gegen andre bekannte Punkte bestimmt werden soll, die rings um den Horizont zerstreut liegen, dafs man die Winkel zwischen je zweien zunächst liegenden Punkten mifst. Ist dieses geschehn, so dafs man wieder zu dem ersten Punkte gelangt ist, so sollte die Summe der sämmtlichen Winkel 360 Grade betragen. Findet man dabei aber einen Ueberschufs von der Gröfse μ, so ist derselbe gleichfalls in der beschriebenen Art auf alle Winkel zu vertheilen.

Benutzt man dagegen nur eine geringere Anzahl von Punkten, deren Richtungen nicht weit von einander abweichen, so wählt man gewöhnlich zur Controlle das Verfahren, dafs man zuerst die Winkel zwischen je zwei zunächst liegenden Punkten, und sodann denjenigen zwischen dem ersten und letzten Punkte mifst. Dieser Winkel müfste der Summe der ersteren gleich sein, wenn er aber um μ gröfser oder kleiner ist, so ergeben sich die wahrscheinlichsten Verbesserungen in derselben Art, wie bei den Dreiecks-Winkeln. Gesetzt, dafs es sich nur um 3 Punkte A, B und C handelt, und man habe zwischen A und B den Winkel $= a$, zwischen B und C den Winkel $= b$, zwischen A und C den Winkel c gemessen, so sollte

$$c = a + b$$

sein, doch sind die Beobachtungsfehler Veranlassung, dafs man

$$c = a + b + \mu$$

gefunden hat. Verbessert man nun die drei Winkel a, b und c, indem man sie um α, β und γ vergröfsert, so mufs um die wahren Werthe darzustellen

$$\alpha + \beta = \mu + \gamma$$

sein, oder

$$\gamma = \alpha + \beta - \mu$$

Die wahrscheinlichste Voraussetzung ist aber, daſs

$$\alpha^2 + \beta^2 + \gamma^2$$

ein Minimum, oder das Differenzial dieser Summe gleich Null ist. Diese Bedingung führt eben so, wie früher zu den beiden Gleichungen

$$2\alpha + \beta - \mu = 0$$

und

$$\alpha + 2\beta - \mu = 0$$

und hieraus findet man

$$\alpha = \tfrac{1}{3}\mu$$
$$\beta = \tfrac{1}{3}\mu$$
$$\gamma = -\tfrac{1}{3}\mu$$

Bei Längen-Messungen ist das Verhältniſs insofern wesentlich ein anderes, als der wahrscheinliche Fehler bei längeren und kürzeren Linien nicht mehr derselbe bleibt, vielmehr bei den ersteren gröſser ist, als bei den letzteren. § 31 wurde schon nachgewiesen daſs dieser Fehler gleich $w\sqrt{a}$ ist, wenn w der wahrscheinliche Fehler der Maaſs-Einheit und a die Länge der Linie bedeutet.

Beispielsweise sei die Entfernung zweier Punkte A und D sehr genau bekannt, indem sie vielleicht Winkelpunkte einer sorgfältig ausgeführten trigonometrischen Operation sind. Steckt man alsdann in der durch sie gegebenen geraden Linie zwei Zwischenpunkte B und C ab, und miſst mit der Kette die Entfernungen AB, BC und CD, die mit a, b und c bezeichnet werden, so sollte die Summe derselben der bekannten Entfernung AD gleich sein. Weicht diese indessen von jener um μ ab, und ist man überzeugt, daſs der Fehler vorzugsweise in der letzten Messung liegt, indem die erstere, vergleichungsweise zu dieser, unbedingt als richtig angesehn werden kann, so entsteht die Frage, in welcher Weise man den bemerkten Fehler μ mit der gröſsten Wahrscheinlichkeit auf die drei kürzeren Linien vertheilen soll.

Wenn ein richtiges Maaſs benutzt wurde, so sind die Fehler von a, b und c eben so leicht positiv, wie negativ und heben sich daher zum Theil auf. Jenes μ ist aber nur die Differenz zwischen den positiven und negativen Fehlern und gestattet kein Urtheil über die absolute Gröſse derselben. Dagegen ist die wahrscheinlichste Voraussetzung, die man unter diesen Verhältnissen machen kann, die Einführung der Bedingung daſs die anzubringenden Correctionen α, β und γ den wahrscheinlichen Fehlern der einzelnen Linien proportional sind. Man hat alsdann, wenn w der wahrscheinliche Fehler in der Messung der Längen - Einheit ist, die wahrscheinlichen Fehler

von a gleich $w \sqrt{a}$

von b - $w \sqrt{b}$

von c - $w \sqrt{c}$

also

$$\alpha = m w \sqrt{a}$$
$$\beta = m w \sqrt{b}$$
$$\gamma = m w \sqrt{c}$$

wo m einen unbekannten Factor bedeutet. Aufserdem ist

$$\alpha + \beta + \gamma = \mu = m w (\sqrt{a} + \sqrt{b} + \sqrt{c})$$

folglich

$$m w = \frac{\mu}{\sqrt{a} + \sqrt{b} + \sqrt{c}}$$

und hieraus ergeben sich die anzubringenden Verbesserungen

$$\alpha = \frac{\mu \sqrt{a}}{\sqrt{a} + \sqrt{b} + \sqrt{c}}$$
$$\beta = \frac{\mu \sqrt{b}}{\sqrt{a} + \sqrt{b} + \sqrt{c}}$$
$$\gamma = \frac{\mu \sqrt{c}}{\sqrt{a} + \sqrt{b} + \sqrt{c}}$$

Die Zeichen von α, β und γ sind aber jedesmal einander gleich und so zu wählen, dafs dadurch die bemerkte Differenz μ aufgehoben wird.

Wesentlich verschieden ist das Resultat, wenn die bemerkte Differenz nicht sowol auf der Verbindung zufälliger Fehler beruht, die eben so gut positiv, wie negativ sein können, als vielmehr auf einem unrichtigen Maaſse, das bei den partiellen Messungen benutzt wurde. In diesem Falle sind die einzuführenden Verbesserungen nicht mehr den Quadratwurzeln der Längen, sondern den Längen selbst proportional, also

$$\alpha = \frac{\mu a}{a + b + c}$$

u. s. w.

§ 38.

Beim Vermessen eines Grundstückes pflegt man mit der Aufnahme der Grenzen desselben den Anfang zu machen. Man geht von einem beliebigen Grenzpunkte aus, also vom Punkte A,

mifst die Richtung der nächsten Grenzlinie *A B* mit der Boussole
und ihre Länge mit der Kette, geht alsdann zur Grenzlinie *B C* über
und so fort, bis man wieder zu dem Anfangs-Punkte *A* gelangt.
Beim Auftragen der Richtungen und Längen der Linien müfste man,
wenn alles genau gemessen und aufgetragen wäre, e i n e g e s c h l o f s n e
F i g u r darstellen. Wegen der unvermeidlichen Fehler ist dieses
aber fast niemals der Fall, und geschieht nur, wenn die Fehler zufällig sich gegenseitig aufheben. Ist der Abstand des Schlufspunktes *Z*
von dem Anfangspunkte *A* sehr grofs, so mufs natürlich die Operation wiederholt werden, um die nöthige Genauigkeit zu erreichen,
bei geringen Abweichungen geschieht dieses aber nicht, doch mufs
man, um die Figur zum Schlusse zu bringen, die wahrscheinlichsten
Verbesserungen in der Lage der einzelnen Winkelpunkte einführen.

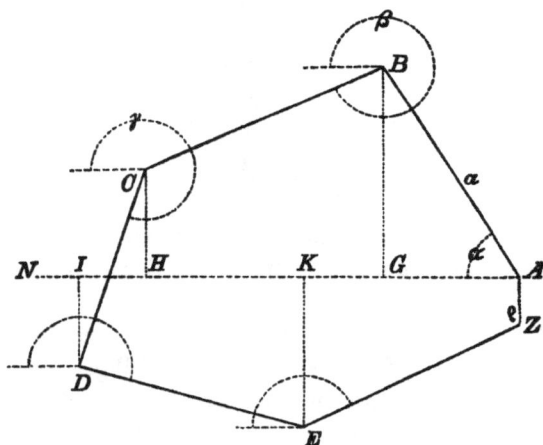

Der Abstand der beiden Punkte *A* und *Z* von einander sei
gleich ϱ. Man ziehe durch *A* die Linie *A N* senkrecht gegen *A Z*,
und indem man dieselbe zur Abscissen-Linie annimmt, fälle man
auf sie aus allen Winkelpunkten die Ordinaten *B G*, *C H*, *D I* und *E K*.
Indem die Linie *Z A* $= \varrho$ gleichfalls auf *A N* senkrecht steht, so hat
sich in den Abscissen *A G*, *A H*, *A I* u. s. w. kein Fehler zu erkennen
gegeben und es liegt sonach keine Veranlassung vor, in diesen irgend welche Aenderungen einzuführen. Dagegen bedürfen die Ordinaten gewisser Verbesserungen damit der Punkt *Z* in *A* fällt.
Nennt man die Höhe um welche der Punkt *B* zu heben ist μ, die

Höhe für den Punkt C dagegen $\nu - \mu$, eben so $\pi - \nu$ diejenige in Betreff des Punktes D u. s. w., so daß also μ, ν, π ... die Höhen bezeichnen, um welche jeder Punkt stärker als der vorhergehende gehoben werden muß, so hat man die Bedingung

$$\mu + \nu + \pi + \cdots = \varrho$$

Wollte man außerdem die Bedingung einführen, daß

$$\mu^2 + \nu^2 + \pi^2 + \cdots$$

ein Minimum sein soll, so würde man diese sämmtlichen Abweichungen als gleich wahrscheinlich betrachten, was nicht richtig ist. Je länger nämlich eine Seite ist, um so größer wird ihr Einfluß auf die Hebung des nächsten Grenzpunktes, und dasselbe geschieht auch, wenn ihre Richtung sich der Abscissenlinie nähert. Dabei ist aber zu bemerken daß jede partielle Hebung μ, ν, ... von den in der vorhergehenden Messung begangenen Fehlern ganz unabhängig ist, wenn man, wie vorausgesetzt wird, die Richtungen der Seiten mit der Boussole bestimmt hat. Wären dagegen mittelst eines andern Instrumentes die Winkel zwischen je zwei Seiten gemessen worden, so würden in Folge eines in der ersten Messung begangenen Fehlers schon die Richtungen aller folgenden Seiten verändert werden, und sonach hätten die Fehler der ersten Winkelmessungen viel größeren Einfluß auf das Resultat, als die der späteren.

Die Winkel zwischen den Seiten und der Abscissen-Linie werden stets von der letzteren ab und in gleicher Richtung gemessen, man nenne sie α, β, γ, ... Dieselben sind gleich den an der Boussole abgelesenen Winkeln, weniger dem Winkel, den die Abscissen-Linie mit dem magnetischen Meridian macht. Die an jenen Winkeln anzubringenden Correctionen bezeichne man mit α', β', γ', ... die Seiten dagegen mit a, b, c, ... und die Verbesserungen derselben mit a', b', c'.

Die am ersten Winkelpunkte oder in der Ordinate BG anzubringende Verbesserung ist demnach

$$\mu = (a + a') \operatorname{Sin}(\alpha + \alpha') - a \operatorname{Sin}\alpha$$

Indem α' sehr klein ist, so kann man $\operatorname{Sin}\alpha' = \alpha'$ und $\operatorname{Cos}\alpha' = 1$ setzen. Außerdem verschwindet dasjenige Glied, welches die beiden Verbesserungen a' und α' als Factoren enthält. Hierdurch wird

$$\mu = a \left(\frac{a'}{a} \operatorname{Sin}\alpha + \alpha' \operatorname{Cos}\alpha \right)$$

Es kommt darauf an, das Verhältniß zwischen $\frac{a'}{a}$ und α' festzustellen. Bei Anwendung der Kette und der Boussole ist der Fehler der Längen im Allgemeinen viel geringer, als derjenige der Winkel. Der Fehler der letzteren setzt sich nämlich aus vielen sehr verschiedenen Fehlern zusammen. Die täglichen Schwankungen in der Declination der Magnetnadel betragen in Berlin regelmäßig 15 bis 16 Minuten und übersteigen nicht selten 20 Minuten[*]). Die größten Abweichungen in östlicher und westlicher Richtung treten aber gegen 8 Uhr Morgens und 12 Uhr Mittags ein, sie fallen also in Tageszeiten, die bei Messungen immer benutzt werden, und sonach werden die hierdurch veranlaßten Fehler vollständig eingeführt. Die nächste Ursache zu ungenauen Winkelmessungen ist das Spielen und Zittern der Nadel, welches bei unruhiger Luft gar nicht aufhört. Dazu kommen noch verschiedene andre Fehler-Quellen, die bei der nothwendigen Einfachheit des Instrumentes sich nicht beseitigen lassen. Hiernach stellt sich der wahrscheinliche Fehler der einzelnen Messung wenigstens auf 15 Minuten. Wäre beispielsweise die Linie AB 115 Ruthen lang, so würde dieser Fehler den Punkt B schon um eine halbe Ruthe versetzen. Der wahrscheinliche Fehler in der Längen-Messung auf günstigem Terrain beschränkt sich dagegen, bei gehöriger Vorsicht im Ausspannen der Kette, woran es gewöhnlich nicht fehlt, etwa auf zwei 2 Zoll für die Kettenlänge von 5 Ruthen. Er beträgt daher auf 115 Ruthen nicht mehr als $2\sqrt{23} = 9{,}6$ Zoll oder 0,067 Ruthen, also nur etwa den achten Theil des ersten Fehlers. Je länger aber die Linie ist, um so größer stellt sich der Unterschied zwischen beiden Fehlern heraus.

Mit Rücksicht auf den Umstand, daß es sich hier nur um die Ermittelung der wahrscheinlichsten Werthe der einzuführenden Correctionen handelt, so rechtfertigt sich die Voraussetzung, daß $\frac{a'}{a}$ gegen a' verschwindet, also das erste Glied fortfällt. Man hat demnach

$$\mu = a \cos \alpha \cdot \alpha'$$
$$\nu = b \cos \beta \cdot \beta'$$
$$\pi = c \cos \gamma \cdot \gamma'$$

Die ersten Factoren dieser Ausdrücke, nämlich $a \cos \alpha$, $b \cos \beta$, ... sind nichts andres, als die Linien AG, GH, HI, IK und so weiter, also die Projectionen der Seiten a, b, c ... auf die Abscissenlinie. Die Werthe derselben sind positiv, weil die in den Punkten A, B, C

---

[*]) Poggendorff's Annalen Band 37. Seite 552.

gemessnen Winkel α, β, γ in den ersten, oder in den vierten Quadranten fallen, sobald jedoch die Seiten des Polygons sich rückwärts wenden, wie nach der Figur in D geschieht, so fällt der betreffende Winkel in den zweiten oder dritten Quadranten, sein Cosinus ist folglich negativ und die Projection IK muſs daher in entgegengesetzter Richtung, das heiſst auf die linke Seite von I aufgetragen werden. Dasselbe geschieht mit den Projectionen aller Seiten, die sich dem Anfangs-Punkte zuwenden.

Man hat nunmehr die Bedingungs-Gleichung

$$\varrho = a \cdot \mathrm{Cos}\,\alpha \cdot \alpha' + b \cdot \mathrm{Cos}\,\beta \cdot \beta' + c \cdot \mathrm{Cos}\,\gamma \cdot \gamma' + \cdots$$

also wenn dieselbe differenzirt wird, indem nur α', β', γ' ... variabel sind

$$0 = a \cdot \mathrm{Cos}\,\alpha \cdot d\alpha' + b \cdot \mathrm{Cos}\,\beta \cdot d\beta' + c \cdot \mathrm{Cos}\,\gamma \cdot d\gamma' + \cdots$$

Auſserdem sollen die Quadrate der Veränderungen α', β', γ' ... ein Minimum sein, oder die Summe von $\alpha'\,d\alpha'$, $\beta'\,d\beta'$, $\gamma'\,d\gamma'$ ... gleich Null. Diese Producte beziehn sich aber auf die Längeneinheit, sie treten also in derselben Anzahl auf, wie die entsprechenden Factoren $a\,\mathrm{Cos}\,\alpha$, $b\,\mathrm{Cos}\,\beta$ ... Einheiten enthalten. Hieraus ergiebt sich

$$0 = a\,\mathrm{Cos}\,\alpha \cdot \alpha'd\alpha' + b\,\mathrm{Cos}\,\beta \cdot \beta'd\beta' + c\,\mathrm{Cos}\,\gamma \cdot \gamma'd\gamma' + \cdots$$

dividirt man diesen Ausdruck durch α' und zieht ihn von dem vorhergehenden Ausdrucke ab, so verschwinden die ersten Glieder und man erhält

$$0 = \left(1 - \frac{\beta'}{\alpha'}\right) b\,\mathrm{Cos}\,\beta\, d\beta' + \left(1 - \frac{\gamma'}{\alpha'}\right) c\,\mathrm{Cos}\,\gamma\, d\gamma' + \cdots$$

Die Veränderungen von β' und γ' sind aber unabhängig von einander und sonach muſs jedes Glied für sich gleich Null sein, also

$$1 - \frac{\beta'}{\alpha'} = 0 \text{ oder } \beta' = \alpha'$$

$$1 - \frac{\gamma'}{\alpha'} = 0 \text{ oder } \gamma' = \alpha'$$

und so fort.

Die sämmtlichen Winkel α, β, γ ... müssen also um gleiche Quantitäten geändert werden, und hieraus ergiebt sich eine sehr einfache Construction um die in jedem Winkelpunkte anzubringende Verbesserung darzustellen. Die nebenstehende Figur zeigt dieses.

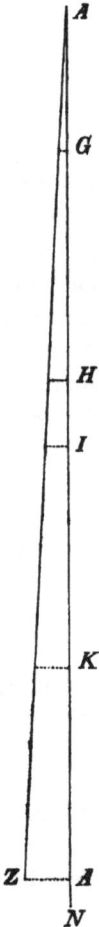

Man trägt auf eine Linie *A N* die Projectionen *A G*, *G H*, *HI*, *IK* und *KA* auf und zwar alle in derselben Richtung. Auf den Endpunk *Z* errichtet man eine Senkrechte der man die Länge ϱ giebt. Das obere Ende dieser Linie verbinde man mit dem Punkte *A*, alsdann ergeben sich die Gröfsen der an jedem Endpunkte des Polygons anzubringenden Verlängerungen der Ordinaten, aus den Senkrechten die man in der letzten Figur von *G*, *H*, *I* und *K* aus bis zu der schrägen Linie gezogen hat. Die in *Z* errichtete Senkrechte ist aber ϱ gleich, und sonach fällt durch diese Verbesserung der Endpunkt *Z* in den Anfangs-Punkt *A*. Die sämmtlichen Verbesserungen haben aber gleiche Zeichen.

§ 39.

Von grofser Wichtigkeit ist beim Feldmessen die Lösung der sogenannten Pothenotschen Aufgabe, wodurch nämlich die Lage eines Stations-Punktes bestimmt wird, indem man von demselben aus die Winkel zwischen andern bekannten Punkten mifst. Geschieht diese Messung mit der Boussole, so genügen schon zwei bekannte Punkte, die nicht mit dem Stations-Punkte in derselben geraden Linie liegen. Sobald indessen sich Gelegenheit bietet, noch nach mehreren bekannten Punkten zu visiren, so wird dadurch nicht nur eine sichere Controlle möglich, sondern die Fehler in der Messung lassen sich alsdann auch zum Theil beseitigen und das Resultat dadurch berichtigen.

Wenn man nach *n* Punkten visirt, so erhält man eben so viele Richtungslinien, welche den unbekannten Stationspunkt schneiden würden, falls keine Fehler vorgekommen wären. Da Letztere nicht zu vermeiden sind, so bilden sich im Allgemeinen

$$1 + 2 + 3 + 4 + \cdots + n - 1$$

Durchschnitts-Punkte, die mehr oder weniger aus einander liegen, von denen aber auch einzelne zufällig zusammentreffen können. Geschieht Letzteres so mufs man einem solchen Doppel-Punkte den doppelten Werth der übrigen beilegen.

Die wahrscheinlichste Lage des Stations-Punktes stimmt keineswegs mit dem Schwerpunkte der sämmtlichen Durchschnittspunkte überein, selbst wenn man den letzteren gleiche Gewichte beilegt. Dieses würde freilich der Fall sein, wenn alle Festpunkte, nach denen man visirt, gleich weit entfernt wären. Die Bedingung ist aber, dafs die Summe der Quadrate der Verbesserungen der Winkel ein

Minimum sein soll, und da eine gleiche Entfernung von der Visirlinie nach einem nahen Punkte den Winkel in höherem Grade verändert, als nach einem weiter abliegenden, so sind bei der Bestimmung der wahrscheinlichsten Lage auch die Entfernungen zu berücksichtigen. Durch eine einfache Construction läſst sich die Aufgabe nicht lösen, wenn man daher keine eingehende Rechnung anstellen will, so wird man sich mit einer ungefähren Schätzung begnügen. Man muſs alsdann den Stationspunkt so wählen, daſs keiner der Winkel eine bedeutende Veränderung erfährt, während es
mehr gerechtfertigt ist, an einer gröſseren Anzahl von Winkeln kleine
Aenderungen einzuführen.

Sobald es sich um eine genauere Messung handelt, wird man
weder die Winkel mit der Boussole messen, noch auch mit geome-
trischen Constructionen sich begnügen dürfen, vielmehr ist alsdann
die Rechnung nicht zu umgehn. Die Methoden, wonach man
aus den zwei Winkeln, die zwischen drei ihrer Lage nach bekannten Punkten gemessen sind, den noch unbekannten Stations-Punkt
bestimmt, dürfen hier nicht wiederholt werden. Es fragt sich nur
wie man die wahrscheinlichste Lage dieses Punktes findet, wenn
von ihm aus die Winkel zwischen mehr als drei bekannten Punkten
gemessen wurden. In diesem Falle ist es am bequemsten, zunächst
Näherungswerthe einzuführen, und alsdann die wahrscheinlichsten Correctionen derselben zu ermitteln. Man erreicht dabei den
nicht unwesentlichen Vortheil daſs man die höheren Potenzen dieser
Correctionen vernachlässigen kann.

Die bekannten Festpunkte sind gemeinhin durch Coordinaten
gegeben, welche sich auf den Meridian beziehn. Indem man näherungsweise die Coordinaten des Stationspunktes X und Y einführt,
so kennt man auch die Richtung des durch denselben gezogenen
Meridians und kann den Azimuthal-Winkel jedes Festpunktes be-

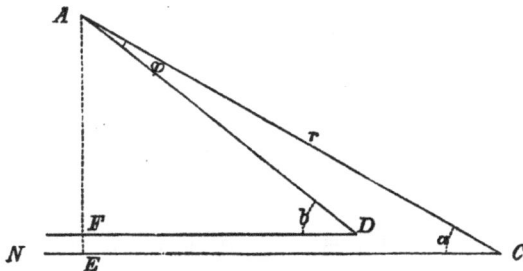

rechnen. In der beistehenden Figur sei A einer dieser Punkte. Seine bekannten Coordinaten seien x und y, während nach den angenommenen Coordinaten der Stations-Punkt in C liegt. Alsdann ist

$$AE = y - Y = r \, \mathrm{Sin}\, a$$
$$EC = x - X = r \, \mathrm{Cos}\, a$$

folglich

$$\mathrm{tang}\, a = \frac{y - Y}{x - X}$$

und

$$r = \frac{y - Y}{\mathrm{Sin}\, a} = \frac{x - X}{\mathrm{Cos}\, a}$$

Der in dieser Weise berechnete Winkel a wird von dem gemeßnen Winkel β etwas abweichen, und es kommt darauf an, die angenommenen Coordinaten X und Y durch Einführung der Verbesserungen x' und y' so zu ändern, daß der Stationspunkt von C nach einem solchen Punkte D rückt, bei dem der Winkel b die Eigenschaft besitzt, daß mit Rücksicht auf alle benutzten Festpunkte die Summe der Quadrate $\beta - b$ ein Minimum wird. Außerdem ist aber auch die Lage des Meridians für den Stationspunkt noch unsicher, daher ist für diesen Winkel eine unbekannte Aenderung einzuführen, die gleich ψ sei. Der wirklich gemeßne Azimuthal-Winkel ist demnach $\beta + \psi$.

Man drücke nunmehr den Winkel ADF oder b durch die eingeführten Correctionen aus

$$\mathrm{tang}\, b = \frac{r \, \mathrm{Sin}\, a - y'}{r \, \mathrm{Cos}\, a - x'}$$

ferner hat man den Winkel φ, unter dem die Linien CA und DA sich schneiden

$$\varphi = b - a$$

folglich

$$\mathrm{tang}\, \varphi = \frac{\mathrm{tang}\, b - \mathrm{tang}\, a}{1 + \mathrm{tang}\, b \cdot \mathrm{tang}\, a}$$

und nach Einführung des vorstehenden Werthes von $\mathrm{tang}\, b$

$$\mathrm{tang}\, \varphi = \frac{x' \cdot \mathrm{Sin}\, a - y' \, \mathrm{Cos}\, a}{r - x' \, \mathrm{Cos}\, a - y' \, \mathrm{Sin}\, a}$$

Indem man voraussetzen darf, daß die Näherungswerthe X und Y nahe die richtigen sind, so sind die Correctionen x' und y' vergleichungsweise gegen die Linie r verschwindend klein, und man hat daher, wenn auch der sehr kleine Winkel φ mit seiner Tangente verwechselt wird,

$$\varphi = \frac{\text{Sin } a}{r} x' - \frac{\text{Cos } a}{r} y'$$

Durch diese Verbesserung wird der berechnete Winkel

$$b = a + \frac{\text{Sin } a}{r} x' - \frac{\text{Cos } a}{r} y'$$

Der beobachtete Winkel ist aber

$$\beta + \psi$$

und die Differenz zwischen beiden

$$\beta - a = -\psi + \frac{\text{Sin } a}{r} x' - \frac{\text{Cos } a}{r} y'$$

Dieser Ausdruck hat die Form, welche die Anwendung der Methode der kleinsten Quadrate fordert, indem jede der drei Unbekannten ψ, x' und y' als Factor eines Gliedes auftritt. Ob man aber hiernach unmittelbar die Rechnung vornehmen darf, oder zunächst eine Aenderung einführen muſs, hängt von der Art der Winkelmessung ab. Es tritt nämlich ein wesentlicher Unterschied in der Vertheilung der Fehler ein, jenachdem man entweder mit einem Spiegel-Sextant oder einem Repetitions-Kreise die Winkel zwischen je zwei zunächst liegenden Festpunkten miſst, oder ob man an einem Kreise, ohne die Stellung desselben zu verändern, nach und nach gegen alle Festpunkte visirt und die betreffenden Winkel abliest. Wäre das Erste der Fall, so dürfte man den vorstehenden Ausdruck nicht benutzen, weil man alsdann die gemeſsnen Winkel summiren müſste, und der im ersten Winkel begangene Fehler zu allen folgenden hinzuträte, während der Fehler des letzten Winkels nur einmal in die Rechnung eingeführt würde. Diese Art der Messung bedarf daher noch einer Umformung des vorstehenden Ausdruckes.

Zwischen zwei Punkten sei der Winkel β gemessen, während die berechneten Azimuthe a und a', und die Entfernungen des Punktes A vom Stations-Punkte r und r' sind. Alsdann ist nach den vorstehenden Entwickelungen der durch Rechnung gefundene Winkel zwischen beiden Punkten gleich

$$(a' - a) + \left(\frac{\text{Sin } a'}{r'} - \frac{\text{Sin } a}{r}\right) x' - \left(\frac{\text{Cos } a'}{r'} - \frac{\text{Cos } a}{r}\right) y'$$

wobei die Correction ψ augenscheinlich fortfällt. Der gegen die Messung übrig bleibende Fehler ist daher

$$\beta - (a' - a) = \left(\frac{\text{Sin } a'}{r'} - \frac{\text{Sin } a}{r}\right) x' - \left(\frac{\text{Cos } a'}{r'} - \frac{\text{Cos } a}{r}\right) y'$$

Vergleicht man diesen Ausdruck mit dem § 17 gegebenen, so ist

$$k = \beta - (a' - a)$$

$$a = \frac{\operatorname{Sin} a'}{r'} - \frac{\operatorname{Sin} a}{r}$$

$$b = -\frac{\operatorname{Cos} a'}{r'} + \frac{\operatorname{Cos} a}{r}$$

während die gesuchten Unbekannten x' und y' den r und s entsprechen.

Als Beispiel mag eine Messung erwähnt werden, die ich zur Bestimmung eines Punktes in der Nähe von Pillau einst ausführte. Nach früheren Messungen von Bessel waren die Coordinaten des Leuchtthurmes von Pillau, des Thurmes von Brandenburg, des Schlosses Balga, des Thurmes von Heiligenbeil und des Thurmes von Braunsberg bekannt. Wenn der Pillauer Leuchtthurm als Anfangspunkt des Coordinaten-Systems angenommen wurde, so war

für Brandenburg $x = -766,55$ $y = +6087,52$
Balga $x = -2548,56$ $y = +1305,80$
Heiligenbeil $x = -5286,47$ $y = +793,41$
Braunsberg $x = -7618,77$ $y = -1188,43$

Die x zählen in der Richtung des Meridians von Süden nach Norden und die y in dem Perpendikel von Westen nach Osten. Beide Coordinaten sind in Rheinländischen Ruthen ausgedrückt.

Ein Katerscher Kreis wurde auf den noch unbekannten Stations-Punkt willkührlich aufgestellt und die Richtungen der benannten Festpunkte daran abgelesen, nämlich

Pillauer Leuchtthurm   246° 55′ 30″
Thurm Brandenburg   309° 14′ 30″
Schloss Balga   2° 41′ 30″
Thurm Heiligenbeil   23° 44′ 0″
Thurm Braunsberg   42° 6′ 15″

Zur vorläufigen Berechnung der Näherungs-Werthe wurden die Winkel zwischen Pillau, Brandenburg und Balga benutzt, und hieraus ergab sich

$$X = -192,826$$
$$Y = -125,030$$

Unter den beiden oben angeführten Methoden zur Berechnung der Correctionen mußte die erste gewählt werden, weil nicht die einzelnen Winkel zwischen je zwei Festpunkten, sondern die Richtungen der sämmtlichen Festpunkte gemessen waren. Die Richtung des Meridians ergiebt sich unmittelbar aus den vorstehenden Werthen von X und Y, bei jener Aufstellung des Instrumentes und nach der vorläufigen Rechnung fiel nämlich der Meridian in den Winkel

$$213^0\ 57'\ 55'',5$$

Hiernach sind die fünf beobachteten Azimuthalwinkel in der obigen Reihenfolge der Festpunkte

$$\beta = 32^0\ 57'\ 34'',5$$
$$= 95^0\ 16'\ 34'',5$$
$$= 148^0\ 43'\ 34'',5$$
$$= 169^0\ 46'\ 4'',5$$
$$= 188^0\ 8'\ 19'',5$$

Die berechneten Azimuthal-Winkel stimmen natürlich für die drei ersten Punkte mit den vorstehenden genau überein, für Heili-genbeil und Braunsberg sind sie dagegen

$$169^0\ 46'\ 42'',4$$

und

$$188^0\ 8'\ 57'',8$$

Die Differenzen $\beta - a$ sind demnach

$$0,0 = 0,0$$
$$0,0 = 0,0$$
$$0,0 = 0,0$$
$$-37'',9 = -0,0001838$$
$$-38'',3 = -0,0001856$$

indem die Winkel durch die Länge der Bögen ausgedrückt werden. Indem die Berechnung der Winkel a bereits zur Bestimmung der Entfernungen führte, so sind nunmehr alle bekannten Gröfsen in der Gleichung

$$\beta - a = -\psi + \frac{\text{Sin } a}{r} \cdot x' - \frac{\text{Cos } a}{r} \cdot y'$$

gegeben, und mit Bezug auf die § 17 dargestellte Form hat man

$$k = \beta - a$$
$$a = -1$$
$$b = \frac{\text{Sin } a}{r}$$

und

$$c = -\frac{\text{Cos } a}{r}$$

Führt man für jede einzelne Beobachtung die betreffenden Zahlen-werthe ein, und bildet die Potenzen und Producte und summirt die-selben, so findet man die Unbekannte

$$\psi = -0,00020318$$

oder im Winkel ausgedrückt

$$\psi = -41'',9$$

die Richtung der Nordlinie ist also um soviel Secunden mehr west-lich zu legen, oder sie fällt bei jener Aufstellung des Instrumentes auf

$$213° 57' 13'',6$$

Die Correctionen der Coordinaten sind aber

$$x' = +0,6053$$
$$y' = +0,8357$$

woher X und Y sich verändern in

$$X = -192,221$$

und

$$Y = -124,694$$

Berechnet man hiernach aufs Neue die Azimuthal-Winkel, so wei-chen dieselben in den fünf Beobachtungen von den gemessenen ab um

$$-1'',0$$
$$+20'',9$$
$$-3'',1$$
$$-13'',5$$
$$-3'',2$$

Die Summe der Quadrate dieser Fehler beträgt 639,91 und man findet daraus den wahrscheinlichen Beobachtungsfehler

$$w = 12,065 \text{ Secunden}$$

oder im Bogen

$$w = 0,0000585$$

Die wahrscheinlichen Fehler in den berechneten Constanten sind demnach folgende

in der Richtung des Meridians . 11,53 Secunden
in der Abscisse X . . . . . 0,255 Ruthen
in der Ordinate Y . . . . . 0,153 Ruthen

§ 40.

Unter den verschiedenen Anwendungen der Methode der klein-sten Quadrate verdient eine besondere Erwähnung noch der Fall, wenn der wahrscheinlichste Werth eines Exponenten gesucht wird. In § 20 sind die hierzu dienenden Methoden bereits mitgetheilt, doch zeigen sich dabei zuweilen so große Schwierigkeiten, daß man von denselben keinen Gebrauch machen kann.

Um ein einfaches Beispiel dieser Art zu wählen, mag es sich um den Ausdruck

$$c = r a b^s$$

handeln. Die beobachtete Gröfse c sei der Gröfse a in der ersten Potenz proportional, sie werde aufserdem aber auch durch die Gröfse b bedingt, von der es jedoch unbekannt ist, ob sie im Zähler oder Nenner, und in welcher Potenz sie auftritt. Es wird angenommen, dafs die Verhältnisse zu complicirt sind, als dafs man sie klar verfolgen könnte. Für eine Voraussetzung lassen sich eben sowohl, wie für eine andre gewisse Gründe angeben, und es kommt daher darauf an, diese Frage nur nach den Beobachtungen wenigstens in so weit zu entscheiden, dafs man annähernd das Gesetz der Erscheinung kennen lernt, und unter ähnlichen Verhältnissen die zu erwartenden Erfolge vorhersehn kann.

Durch die logarithmische Auflösung kann man dem Ausdrucke leicht die Form geben, in welcher er unmittelbar zur Behandlung nach der Methode der kleinsten Quadrate sich eignet.

$$\log c - \log a = \log r + s \cdot \log b$$

dabei wird jedoch nicht die Bedingung zum Grunde gelegt, dafs die Summe der Quadrate der Fehler von c ein Minimum wird, vielmehr geschieht dieses in Beziehung auf die Fehler der Logarithmen von c dividirt durch a. Sind diese beiden Gröfsen nicht sehr verschieden von einander, und wird sogar in einzelnen Beobachtungen a vielleicht gröfser als c, wodurch die Gleichung sich in

$$\log \frac{a}{c} = -\log r - s \log b$$

verwandelt, so erhalten gerade diese kleinsten Werthe einen überwiegenden Einflufs, weil die Logarithmen von Zahlen die sehr nahe gleich 1 sind, sich am stärksten verändern. In dieser Art kann es geschehn, dafs die wichtigsten Beobachtungen beinahe ganz unberücksichtigt bleiben und man zu Resultaten gelangt, die augenscheinlich unrichtig sind.

Führt man dagegen andrerseits für s den Näherungswerth S ein, und bezeichnet man die nöthige Verbesserung desselben mit σ, so kann man sich augenscheinlich mit dem ersten Gliede der Taylor'schen Reihe nur begnügen, wenn die folgenden vergleichungsweise sehr klein sind. Man hat aber

$$b^{s+\sigma} = b^s \{1 + \sigma \cdot \log\mathrm{nat}\, b + \tfrac{1}{2}(\sigma \cdot \log\mathrm{nat}\, b)^2 + \tfrac{1}{6}(\sigma \cdot \log\mathrm{nat}\, b)^3 + \cdots\}$$

Diese Reihe erfüllt jene Bedingung einigermafsen, wenn $\sigma \cdot \log\mathrm{nat}\, b$

ein ächter Bruch ist. Für $\sigma = 1$ findet dieses statt, so lange b kleiner als 2,718 und gröfser als 0,368 bleibt. Für $\sigma = \frac{1}{2}$ geschieht dasselbe, wenn b zwischen den Grenzen 7,389 und 0,135 und für $\sigma = \frac{1}{4}$ wenn es zwischen 54,601 und 0,01832 liegt. In vielen Untersuchungen ist b bedeutend kleiner oder gröfser, alsdann führt diese Zerlegung zu keinem Resultate und es ist besonders störend, dafs man die Vergeblichkeit der Rechnung oft nicht vorhersehn kann, indem die Gröfse von σ noch unbekannt war. Um so nöthiger ist es aber, auf den Werth von b stets aufmerksam zu bleiben.

Es giebt dagegen ein anderes Mittel, den gesuchten Exponent aus den vorliegenden Beobachtungen annähernd herzuleiten. Man wählt nämlich unter den letzteren so viele, als unbekannte Gröfsen zu berechnen sind, und wenn die Form der Gleichung unmittelbar oder nach Eliminirung der constanten Factoren es gestattet, führt man die Rechnung logarithmisch aus. Entgegengesetzten Falles bleibt nur übrig für den Exponent gewisse Werthe anzunehmen und mit Berücksichtigung der übrig bleibenden Differenzen denjenigen Werth zu ermitteln, der den dabei benutzten Beobachtungen entspricht.

Das in solcher Weise gefundene Resultat ist indessen für die ganze Beobachtungsreihe keineswegs das wahrscheinlichste, und wenn eine der Beobachtungen, die der Rechnung zum Grunde gelegt wurden, zufällig sehr fehlerhaft war, so ist der gefundene Näherungswerth nicht brauchbar. Um dieses zu vermeiden, empfiehlt es sich, zunächst die sämmtlichen Beobachtungen mittelst Abscissen und Ordinaten aufzutragen. Aus einer solchen Zeichnung läfst sich nicht nur erkennen, welche Messungen sich einer regelmäfsigen Curve vorzugsweise anschliefsen, sondern man bemerkt dabei auch, welche unter diesen ihrer Stellung nach sich zur Aufsuchung des Näherungswerthes besonders eignen.

Der folgende Theil der Rechnung, nämlich die erwähnte Verbesserung dieses Werthes, ist in vielen Fällen entbehrlich, insofern die Gesetze, denen die Erscheinungen unterworfen sind, in ihren Grundlagen überaus einfach zu sein pflegen. Wenn aber durch das Zusammenwirken verschiedener Verhältnisse diese Einfachheit des Ausdruckes verschwindet, so pflegen dadurch nur die constanten Factoren, nicht aber die Exponenten betroffen zu werden, und letztere stellen sich meist als sehr einfache Verhältnifs-Zahlen dar. Dieses Zusammentreffen ist so allgemein, dafs man die Richtigkeit eines gefundenen Resultates schon bezweifelt, sobald der Exponent einen ungewöhnlichen Werth erhält, und nicht etwa gleich $\frac{1}{4}$, $\frac{1}{3}$, $\frac{1}{2}$, 2, 3 oder 4 ist. Jene logarithmische Rechnung auf einzelne Beobachtungen basirt, wird zwar nicht direct zu so einfachen Zahlen führen, aber der gefundene Werth wird sich meist nicht weit von einer derselben entfernen, und alsdann ist eine große Wahrscheinlichkeit vorhanden, daß diese die richtige sei. Ergeben andre aus derselben Reihe ausgewählte Beobachtungen bei gleicher Behandlung nahe denselben Exponenten, so darf man annehmen, daß dieses der richtige sei, und unmittelbar zur Aufsuchung der constanten Factoren übergehn. Die Differenzen zwischen den Resultaten der Rechnung und der Beobachtung dienen schließlich zu einer sehr sichern Controlle, ob die Wahl des Exponenten angemessen war, oder ob dafür ein andrer eingeführt werden muß.

VI. Abschnitt.

Anwendung der Wahrscheinlichkeits-Rechnung auf das Nivelliren.

§ 41.

Wenn auch die Anwendung der mitgetheilten Sätze der Wahrscheinlichkeits-Rechnung auf das Nivelliren überaus einfach ist und dabei keine schwierigen Aufgaben vorkommen, deren Lösung eine besondere Untersuchung fordert, so dürfte es sich doch empfehlen, in einem speciellen Falle das Verfahren zur Prüfung und Berichtigung, so wie zum angemefsnen Gebrauche der Instrumente näher zu bezeichnen, und auf Umstände · aufmerksam zu machen, die leicht grofse Täuschungen veranlassen können. Es erscheint aber um so nothwendiger, hierauf näher einzugehn, als die Nivellements, namentlich wenn Projecte zu Wasserbauten darauf gegründet werden sollen, einer ganz besondern Schärfe und Genauigkeit bedürfen, und demnach nicht selten darin Irrthümer vorkommen, die man nach den vorgeschriebenen und wohl jedesmal auch wirklich ausgeführten Controllen nicht entfernt erwarten durfte.

Es mag zunächst von einigen Täuschungen die Rede sein, gegen die man gewöhnlich sich nicht hinreichend sichert. Vorzugsweise giebt dazu die übliche Einrichtung der Visirstäbe mit beweglichen Tableaus Veranlassung. Ich führte einst ein kleines Nivellement mit dem gewöhnlichen Apparate und diesen Tableaus . aus. Nachdem ich vor- und rückwärts visirt und die Höhen der Tableaus abgelesen hatte, schob ich die Füfse des Stativs etwas näher zusammen und hob dadurch das Instrument, um eine sichere Controlle zu gewinnen. Nunmehr ereignete es sich aber, dafs die Tableaus zwar auf meinen Wink gehoben wurden, aber schliefslich immer wieder genau dieselbe Stelle, wie das erstemal einnahmen. Die beiden Leute, welche die Tableaus handhaben, waren mir als besonders geübt in dieser Arbeit empfohlen, und ihre anerkannte Uebung und Geschicklichkeit bestand darin, daſs sie den ersten Stand der Tableaus sich merkten, und bei der Controlle ganz unbekümmert um die Winke und Zurufe des Beobachters die Tableaus jedesmal genau in die frühere Höhe wieder einstellten. In dieser Art ist natürlich die vollste Uebereinstimmung leicht herbeizuführen, und zwar eben so wohl bei einer ganz fehlerhaften Messung, wie bei einer richtigen.

Ein solches Verfahren erklärt den wunderbaren Grad von Genauigkeit, den manche Feldmesser zu erreichen glauben. Ich habe Nivellements gesehn, in denen nach den beigefügten Controllen der wahrscheinliche Fehler in jeder Station, auf den Winkel reducirt nur $\frac{1}{4}$ bis $\frac{1}{3}$ Secunde betrug. Wenn man aber bei den fest aufgestellten und viel vollkommneren astronomischen Instrumenten nicht leicht eine ganze Secunde verbürgen kann, so beruht diese Uebereinstimmung der Controlle mit der Messung augenscheinlich nur auf Täuschung, und in den meisten Fällen gewiſs auf Selbsttäuschung.

Bei keiner Messung oder Beobachtung darf man sich auf die Zuverlässigkeit der Gehülfen unbedingt verlassen, man muſs dafür sorgen, daſs man sie stets sicher controlliren kann, und am vortheilhaftesten ist es, die Anordnungen so zu treffen, daſs man die wichtigeren Operationen, also die Einstellungen und Ablesungen selbst ausführt. Im vorliegenden Falle läſst sich dieses sehr leicht erreichen. Man braucht nur das Tableau zu beseitigen, und die Visirlatte so breit zu machen daſs sich eine deutliche Theilung darauf anbringen läſst, die man durch das Fernrohr des Instrumentes unmittelbar ablesen kann. Dabei wird zugleich noch ein andrer, sehr wesentlicher Vortheil erreicht. Der Stab soll nämlich senkrecht gehalten werden, wenn man ihn, wie gewöhnlich geschieht, auf den Kopf eines vorher eingetriebenen Pfählchens aufstellt. Der Gehülfe bemerkt sehr bald, daſs der Feldmesser, der neben dem Instrumente steht, nur ein Urtheil darüber hat, ob der Stab nach der rechten oder der linken Seite geneigt ist, daſs er aber nicht wahrnehmen kann, ob dieses auch in der ihm zugekehrten Richtung geschieht. Eine Zurechtweisung erfolgt also nur, wenn der Stab aus der durch das Instrument gelegten Vertical-Ebene sich auffallend entfernt. Um sich keinen Tadel zuzuziehn, stellt sich der Gehülfe hinter den Stab, und weder der Feldmesser, noch der Gehülfe bemerkt es, wenn in dieser Ebene der Stab nach vorn oder nach hinten sehr bedeutend von der lothrechten Stellung abweicht.

Endlich mufs der Stab mit dem Tableau auch jedesmal umgedreht werden, sobald man zur nächsten Station übergeht. Wenn die Köpfe jener Pfählchen nicht horizontale Ebenen bilden, so kann leicht der Stab, während er umgedreht wird, um einige Linien seine Höhe verändern. Wenn aber der Boden weich ist, also die Pfählchen nicht fest stehn, wie dieses in sumpfigen Wiesen häufig der Fall ist, so bleibt es zweifelhaft, ob nicht der Pfahl beim zweiten Aufstellen des Stabes tiefer eindringt, und sonach die Messung ein Ansteigen des Terrains ergiebt, das in der Wirklichkeit gar nicht statt findet.

Alle diese Uebelstände lassen sich vollständig vermeiden, wenn die breite Latte auf beiden Seiten übereinstimmend eingetheilt und mit einer eisernen Spitze versehn ist, mit der sie jedesmal fest in den Boden eingestofsen wird. Man bedient sich dabei noch eines Lothes und prüft nach diesem den vertikalen Stand in zwei verschiedenen Richtungen. Ob die Einstellung der Latte in dieser Beziehung mit hinreichender Genauigkeit erfolgt ist, untersucht der Feldmesser selbst, bevor er dagegen visirt, und wenn dieses geschehn ist, so darf Niemand die Latte berühren, oder sich derselben auch nur nähern, bis vom folgenden Stations-Punkte aus die Messung nach diesem Punkte vollständig beendigt ist. Die Ablesung des Maafses an diesen Latten erfolgt aber durch das Fernrohr an der Libelle.

Schon vor dreifsig Jahren machte ich auf die wesentlichen Vorzüge und die viel gröfsere Schärfe dieses Verfahrens aufmerksam*), welches ich bei ausgedehnten Nivellements lange Zeit hindurch angewendet und nicht nur sehr sicher, sondern auch überaus bequem gefunden hatte. Die alte Methode mit allen damit verbundenen Mängeln ist jedoch bei uns noch immer die übliche, und nur ausnahmsweise haben meine Vorschläge hin und wieder Eingang gefunden. In neuster Zeit sind jedoch bei dem General-Nivellement, welches ganz Frankreich umfafst, die beweglichen Tableaus gar nicht mehr zur Anwendung gekommen und dafür die deutlich eingetheilten Visirlatten (*mires parlantes*) eingeführt, deren wesentliche Vorzüge in der Beschreibung dieses Unternehmens **) erwähnt sind. Vielleicht giebt dieses ausländische Beispiel endlich auch bei uns Veranlassung, die alte mangelhafte Methode zu verlassen.

Wenn man indessen auch gegen Täuschungen und Fehler der

---

*) In der ersten Ausgabe der Grundzüge der Wahrscheinlichkeits-Rechnung. Berlin 1837.

**) *Nivellement général de la France. Notes diverses, par Bourdaloû. Bourges* 1864.

erwähnten Art durch passende Anordnung der Apparate sich sichert, so kann doch leicht eine Selbst-Täuschung eintreten, wenn man die Controlle unmittelbar nach der Messung und zwar unter ganz gleichen Umständen ausführt. Hiervon war bereits früher (§ 2) die Rede. Wenn das Maaſs, welches man abgelesen hat, noch in frischem Gedächtnisse ist, so ist man bei der zweiten Messung nicht mehr unbefangen, sondern immer geneigt, eine Bestätigung der früheren zu finden. Ganz anders verhält es sich dagegen, wenn man das Instrument, nachdem man vor- und rückwärts visirt hat, etwas verstellt, und nunmehr an beiden Latten die Maaſse wieder abliest.

Nach diesen vorläufigen Bemerkungen mögen die beim Nivelliren vorkommenden Fehler näher untersucht, und zwar zunächst die verschiedenen Ursachen derselben mit beiläufiger Bestimmung ihres Einflusses ermittelt werden. Später wird von der Sicherheit, also von der Gröſse der wahrscheinlichen Fehler der verschiedenen Methoden die Rede sein.

§ 42.

Der wesentlichste Theil eines jeden Nivellir-Instrumentes besteht in der Vorrichtung zur Bildung der horizontalen Absehenslinie. Hierzu dient in der Regel eine Flüssigkeit. Letztere befindet sich bei den weniger genauen Instrumenten in einer horizontalen Röhre, deren beide Schenkel aufwärts gerichtet sind. Bestehen diese aus Glas, so stellen die beiden Oberflächen in ihnen schon die horizontale Ebene dar, und man braucht nur neben denselben zu visiren, um annähernd die horizontale Richtung zu erkennen. Zuweilen läſst man auch in beiden Schenkeln Dioptern schwimmen, die zwar ein schärferes Visiren gestatten, wobei aber leicht andere Fehler eintreten. Die erste Vorrichtung ist die gewöhnliche Canalwaage, die zweite die Mercurialwaage, der man diese Benennung giebt, weil man, um das tiefe Eintauchen der Dioptern zu verhindern, die Rohre mit Quecksilber füllt. Bei genauern Instrumenten ist die Flüssigkeit in einer vollständig geschlossenen horizontalen Glasröhre enthalten, die jedoch nicht ganz gefüllt ist. Es befindet sich vielmehr darin eine Luftblase, die schon bei schwacher Aenderung der Neigung eine andere Stelle einnimmt, und daher viel sicherer die Richtung des damit verbundenen Fernrohrs erkennen läſst. Dieses Instrument, welches mittelst einer Schraube horizontal gestellt wird, ist die Libelle mit Fernrohr. Auſserdem giebt es noch Apparate, bei denen man die Alhidade oder das Fernrohr frei aufhängt und in der Art mit Gewichten verbindet, daß die Absehenslinie sich horizontal richtet. Diese Vorrichtungen, obwohl zu annähernden Schätzungen sehr bequem, geben doch nicht die nöthige Genauigkeit, daß sie zu eigentlichen Nivellements benutzt werden könnten.

Sehr zweckmäßig ist die Anwendung von Flüssigkeiten, um horizontale Absehenslinien entweder unmittelbar oder mittelbar darzustellen. Man macht dabei freilich die Voraussetzung, daß die Flüssigkeiten horizontale Oberflächen bilden, also nicht etwa durch Reibung oder andre Umstände verhindert werden, der Kraft der Schwere vollständig zu folgen. Ob dieses in aller Schärfe der Fall ist, läßt sich nicht nachweisen, und man bemerkt in der That von den dicksten Massen, wie etwa kalter Pech, der aber dennoch sehr langsam seine Form verändert, bis zu Alkohol und Aether eine solche Abstufung in der Beweglichkeit, daß man die Reibung oder Zähigkeit, die in dem ersteren sich augenscheinlich zu erkennen giebt, in gewissem Grade auch bei letzteren voraussetzen dürfte. Jedenfalls sind die Erfolge dieser Hindernisse in den besten Niveaus aber so geringfügig, daß sie vergleichungsweise zu den übrigen unvermeidlichen Fehlern nicht in Betracht kommen.

Unter diesen Fehlern mögen diejenigen, die im Instrumente selbst und den zugehörigen Apparaten ihren Grund haben, zunächst untersucht werden. Das Nivellir-Instrument ist ungenau, insofern die Richtung der Absehenslinie von manchen Zufälligkeiten abhängt, und bei mehrmaliger Wiederholung der Beobachtung sich verändert. Unrichtig ist es, wenn jene Linie um einen gewissen constanten Winkel sich von der horizontalen entfernt, und undeutlich, wenn es das hinreichend scharfe Visiren nicht gestattet. Bei den Visirstangen und Tableaus, die der Feldmesser gewöhnlich selbst eintheilt und bezeichnet, läßt sich die erforderliche Richtigkeit und Deutlichkeit leicht erreichen, es bleiben daher hier nur die Fehler der Ungenauigkeit übrig, und diese entspringen entweder aus dem schiefen Stande der Stäbe oder aus der zufälligen oder absichtlichen Verstellung der Tableaus, oder dem Ablesen des Maaßes, oder endlich aus dem Eindrücken der Pfählchen, auf welche man die Visirstäbe aufstellt.

§ 43.

Bei den gewöhnlichen Canalwaagen kann man als Veranlassung zu ungenauen Messungen, nächst einer möglichen nicht hinreichend festen Aufstellung oder Sicherung gegen den Wind, wodurch Schwankungen verursacht werden, nur die Anziehung erwähnen, welche die Röhren auf die Oberfläche des Wassers ausüben. Durch letztere bildet sich der breite dunkle Streif auf dem Wasser, der in Folge der Brechung der Lichtstrahlen die äußere Fläche des Glas-Cylinders zu berühren scheint. Die Breite dieses Streifens vermindert sich nicht in möglichst dünnen Glasröhren, weil die Oberfläche des Wassers keineswegs von der ganzen Glasmasse, sondern allein von der innern Oberfläche derselben angezogen und gehoben wird.

Beim Gebrauche der Canalwaagen visirt man bekanntlich längs dieser Streifen in beiden Glasröhren und bestimmt dadurch die horizontale Richtung. Bei gewissen Beleuchtungen sind indessen die Grenzen dieser Streifen nicht deutlich zu erkennen, und die Kunst des geübten Beobachters besteht darin, jedesmal gleiche Stellen an beiden Glasröhren zu treffen. Dieses ist um so schwieriger, als das Auge zugleich nach dem entfernten Tableau sehn muß, wodurch eine Spannung hervorgebracht wird, die bald ermüdet. Man gewöhnt sich indessen leicht daran, vorzugsweise nur die entferntere Glasröhre und das Tableau zu beachten, indem man die Lage des Auges gegen die nächste Röhre nicht verändert, und ein beiläufiger Blick auf dieselbe schon genügt, um sich zu überzeugen, daß das Auge sich in der passenden Höhe wirklich befindet. Auch dadurch, daß man von dem Instrumente etwas zurücktritt, wird das Visiren merklich erleichtert. Nichts desto weniger sind die Stellen, an denen man vorbeisehn muß, keineswegs scharf markirt, die Breite der Streifen beträgt aber etwa $1\frac{1}{8}$ Linien. Beginge man den Fehler, daß man an einer Glasröhre die obere Grenze und an der andern die untere getroffen hätte, so würde dieses bei der Entfernung der Röhren von 4 Fuß eine Abweichung der Visirlinie gegen die Horizontale von 7 Minuten, oder auf 5 Ruthen Abstand von $1\frac{1}{2}$ Zoll veranlassen. Um soviel wird zwar kein vorsichtiger Beobachter irren, wenn aber der Fehler auf 10 Ruthen Länge die Grenze von 2,5 Linien nicht übersteigen soll, so ist dieses selbst bei großer Aufmerksamkeit und Uebung mit diesem Instrumente wohl kaum zu erreichen.

Das Vorhandensein von Luftblasen in der horizontalen Verbindungsröhre veranlaßt an sich keineswegs einen ungleichen Stand des Wassers in den beiden aufwärts gerichteten Schenkeln. Es ist jedoch nöthig, die Blasen durch Neigung der Röhre zu entfernen, bevor man die Messung beginnt, weil dieselben leicht während der letzteren austreten könnten, und dadurch nicht nur Schwankungen veranlassen, sondern auch beide Oberflächen etwas senken würden.

Man hat an der Canalwaage zuweilen die Aenderung eingeführt, daß man nicht unmittelbar an den Glas-Cylindern visirt, sondern zwei Dioptern daran befestigt. Hierdurch verliert indessen das Instrument die einzige Eigenschaft, durch die es sich empfiehlt, nämlich seine Einfachheit, die Einstellung erfordert alsdann auch mehr Zeit und der Vortheil ist unbedeutend, denn in dem Richten der Dioptern nach dem Wasserstande bleibt beinahe dieselbe Unsicherheit, wie im unmittelbaren Visiren, und man kann die Dioptern nicht heben oder senken ohne Bewegungen zu veranlassen, die wieder neue Umstellungen erfordern.

Was von der Beweglichkeit der Flüssigkeiten gesagt ist, findet auch auf die Mercurialwaage Anwendung. In derselben muß sich aber nicht nur das Quecksilber in beiden Schenkeln horizontal stellen, sondern es muß auch zugleich die darauf schwimmenden Elfenbein-Würfel mit den Dioptern bewegen, die sich an die Wandungen anlehnen, und an denselben ohne Zweifel einige Reibung erfahren. Wenn man bei unveränderter Stellung dieses Instrumentes einen Würfel wiederholentlich herabdrückt und nach eingetretener Ruhe das Tableau einrichtet, so überzeugt man sich leicht, daß die Genauigkeit der Mercurialwaage bedeutend geringer, als die der Canalwaage ist.

§ 44.

In der Libelle äußert sich die Anziehung des Glases auf die darin eingeschloßne Flüssigkeit auf ähnliche Weise, wie in der Canalwaage. Auch hier bemerkt man den erwähnten breiten Streif, doch ist derselbe, insofern das Auge in der Entfernung des deutlichen Sehens, und zwar in gleichem Abstande von beiden Enden der Luftblase, darüber gehalten wird, in seiner Begrenzung genau zu erkennen. Außerdem wird durch die Anziehung des Glases die Blase an beiden Enden abgerundet und erscheint daher um so schärfer begrenzt.

Ist die Glasröhre an einer Seite weiter, als an der andern, so wird offenbar selbst wenn die innere Fläche der obern Glaswand horizontal liegt, die Anziehung an der weiteren Seite geringer sein, also die Blase sich nach der entgegengesetzten bewegen. Dieser Umstand ist jedoch unter übrigens gleichen Verhältnissen nicht nachtheilig, denn es kommt nur darauf an, die Luftblase an diejenige Stelle zu bringen, welche der horizontalen Absehenslinie des Fernrohrs entspricht. Der nachtheilige Einfluß einer Röhre von ungleicher Weite tritt erst bei Temperatur-Veränderungen ein, indem alsdann wegen der Ausdehnung oder Verminderung des Volums der tropfbaren Flüssigkeit die Blase kürzer oder länger wird, und die beiderseitigen Begrenzungen derselben sich nicht mehr in gleicher Weise verändern.

Die Libelle ist mit dem Fernrohre fest verbunden und diese Verbindung wird mittelst Stellschrauben in der Art berichtigt, daß die Luftblase gegen die beiderseitigen Theilstriche auf der Glasröhre sich gleich weit erstreckt, sobald die Absehenslinie des Fernrohrs horizontal gerichtet ist. Indem nun dieselbe Bedingung auch bei eintretenden Temperatur-Veränderungen noch erfüllt werden soll, so muß die Röhre gleiche Weite haben. Außerdem ist es aber auch nothwendig, daß schon bei geringen Abweichungen des Fernrohrs die Luftblase ihre Stelle merklich verändert. Hieraus ergiebt sich daß die Röhre im Innern und zwar an der obern Wand in ihrer Längeneinrichtung nach einem Kreisbogen ausgeschliffen sein muß, oder daß dieser Theil der Fläche einen der Länge nach kreisförmig gekrümmten Cylinder-Mantel darstellt. Der Mittelpunkt der Krümmung liegt senkrecht unter der Libelle. Entgegengesetzten Falles würde bei der geringsten Abweichung die Luftblase sich sogleich an das Ende der Röhre bewegen, und eine Einstellung derselben würde unmöglich sein. Der gewählte Krümmungs-Halbmesser bedingt die Empfindlichkeit der Libelle, weil die veränderte Stellung der Blase oder der Ausschlag augenscheinlich dem Producte aus der Neigung (im Bogen gemessen) in den Radius gleich ist. Es kommt daher darauf an, diesen Radius passend zu wählen, damit die Empfindlichkeit der Libelle der Schärfe des Fernrohrs und dem Zwecke des Nivellements entspricht. Ist der Radius zu groß angenommen, so wird das jedesmalige Einstellen erschwert, auch darf nicht unbemerkt bleiben, daß geringe Unregelmäßigkeiten in der Schleifung bei einem großen Radius viel nachtheiliger hervortreten, als wenn man eine stärkere Krümmung angenommen hätte.

Zur Genauigkeit dieses Nivellir-Instrumentes gehört ferner, daß das Fernrohr eine angemessene Vergrößerung hat und jedenfalls scharfe und deutliche Bilder zeigt. Die darin eingespannten Fäden müssen feine gerade Linien bilden, sich rechtwinklig durchschneiden und bei der richtigen Lage der Libelle horizontal und vertikal gerichtet sein. Ferner muſs die Schraube, womit man das Fernrohr mit der Libelle einstellt, mit feinen Gängen versehn und leicht beweglich sein, ohne jedoch todte Gänge zu haben. Wie fein indessen diese Schraube auch geschnitten sein mag, so wird es bei einem Niveau von der nöthigen Empfindlichkeit doch nicht leicht gelingen, kleine Abweichungen im Stande der Luftblase unmittelbar zu beseitigen, vielmehr muſs man sie dadurch aufzuheben suchen, daſs man die Schraube weiter dreht, als nöthig ist, und sie gleich darauf wieder etwas zurückdreht. Die Bewegung die man darstellen soll, ist zu geringe, als daſs sie sich der Schraube geben lieſse, wohl aber läſst sie sich durch die Differenz zweier gröſseren entgegengesetzten Bewegungen einführen. Man erlangt leicht die nöthige Uebung, um in dieser Weise nach wenigen Versuchen die Luftblase zum scharfen Einspielen zu bringen, während dieselbe, wenn man sie unmittelbar einstellen wollte, abwechselnd nach der einen und der andern Seite ausschlagen würde.

§ 45.

Die aus der Unrichtigkeit der Niveaus entspringenden Fehler haben ihre Ursache in der Zusammensetzung des Instrumentes und hängen nicht mehr von zufälligen Umständen ab. Wenn man daher die Beobachtungen unter gleichen äuſsern Verhältnissen wiederholt, so treten diese Fehler in gleichem Sinne stets wieder ein, man kann aber durch gewisse Vergleiche oder sonstige Prüfungen ihre Gröſse ermitteln, und sie sonach aus dem Resultate entfernen. Ein Fehler dieser Art ist beispielsweise in einem Winkelinstrumente der Collimations-Fehler, der bei jeder Messung dem abgelesenen Winkel zugesetzt, oder von demselben in Abzug gestellt werden muſs.

Die Hülfsmittel, welche dem Künstler bei Anfertigung der Instrumente zu Gebote stehn, werden in der Regel von denjenigen an Schärfe übertroffen, die man später zur Prüfung der Richtigkeit anwenden kann, auch treten meist gewisse Veränderungen mit der Zeit ein, so daſs eine solche Prüfung und Feststellung der Fehler vor dem Gebrauche jedes Instrumentes nothwendig ist. Für den aufmerksamen Beobachter ist daher im Allgemeinen jedes Instrument mit gewissen Fehlern behaftet, und dieselben lassen sich meist auch nicht vollständig beseitigen, wenn gleich Vorrichtungen zu diesem Zwecke angebracht sind, weil diese nicht mit derselben Schärfe, welche die spätere Controlle hat, in Wirksamkeit gesetzt werden können. Dazu kommt aber noch, daſs man vielfach sein Instrument nicht verändern mag, so zum Beispiel wird kein Astronom den Pendel seiner Uhr sogleich etwas verlängern oder verkürzen, wenn die Beobachtungen zeigen, daſs die Uhr ein wenig vorgeht oder zurückbleibt. Die bei unverändertem Instrumente eintretenden Abweichungen gestatten über ihre jedesmalige Gröſse auch ein sichereres Urtheil, und geben daher Gelegenheit, das Resultat vollständiger zu berichtigen, als wenn man das Instrument selbst jedesmal berichtigen wollte. Von den Fehlern dieser Art muſs stets Rechnung getragen werden, wenn man nicht, wie oft möglich ist, die Messungen so einrichtet, daſs diese Fehler den Einfluſs auf das Resultat verlieren.

Die Canalwaage giebt die Höhen-Unterschiede unrichtig an, wenn der eine der beiden Glas-Cylinder weiter ist, als der andre, und zwar geschieht dieses in zweifacher Weise. Zunächst soll der Horizont bei dem Vorwärts- und Rückwärts-Visiren unverändert bleiben. Dieses ist aber nicht der Fall, wenn bei dem Rückwärts-Einstellen die beiden ungleichen Cylinder nicht eben so weit gefüllt bleiben, wie sie früher waren, was doch beinahe nie geschieht, weil auf die vertikale Stellung der Drehungs-Achse meist wenig Aufmerkamkeit verwendet wird. Hierauf kommt es auch in andrer Beziehung nicht an. Wenn aber der weitere Cylinder bei der Drehung etwas gesenkt oder gehoben wird, so stellt sich das gemeinschaftliche Niveau etwas tiefer oder höher, als es früher war, weil die Wassermenge, die in ihm eine gewisse Höhe darstellt, gröſser ist, als diejenige die in dem andern Cylinder dieselbe Senkung veranlaſst. Der hieraus entspringende Fehler pflegt indessen nicht von Bedeutung zu sein, indem gemeinhin nur eine geringe Drehung erforderlich ist.

Wichtiger ist dagegen der Einfluſs der Capillar-Attraction auf den Stand des Wassers in ungleich weiten Cylindern. Bei der Benetzung des Glases wird das darin enthaltene Wasser durch die Spannung seiner Oberfläche etwas gehoben, und diese Erhebung ist näherungsweise bei cylindrischen Röhren durch die Formel

$$hr = 2,567$$

gegeben, wo r den inneren Radius der Röhre bedeutet, und sowohl h wie r in Rheinländischen Linien ausgedrückt sind. Hieraus findet man für die nachstehenden Durchmesser oder lichten Weiten der Röhren die folgenden Erhebungen

lichte Weite	Erhebung
6 Linien	0,855 Linien
7 -	0,734 -
8 -	0,642 -
9 -	0,570 -
10 -	0,513 -
11 -	0,467 -
12 -	0,428 -
13 -	0,395 -
14 -	0,367 -
15 -	0,342 -

Wenn demnach beispielsweise der eine Cylinder 10 und der andre 12 Linien weit ist, so stellt sich das Niveau in dem ersteren um

$$0,513 - 0,428 = 0,085 \text{ Linien}$$

höher, als in dem zweiten. Beträgt daher die Entfernung der beiden Cylinder 4 Fuſs, so wird man im Abstande von 5 Ruthen aus diesem Grunde in der Bestimmung der Höhe einen Fehler von 1,275 Linien begehn. Da man aber das Niveau beim Rückwärts-Visiren nicht umzudrehn pflegt, so miſst man in der 10 Ruthen langen Station auf der einen Seite die Höhe um diese Quantität zu hoch, und auf der andern um eben soviel zu niedrig. Der Fehler wird daher doppelt so groſs, oder 2,55 Linien, also über ½ Zoll. Kommt noch dazu, daſs der Gehülfe das Instrument in derselben Richtung wieder aufstellt, in der er es von der vorhergehenden Station abgehoben hatte, so daſs der engere Cylinder jedesmal nach vorn oder nach hinten gerichtet bleibt, so wiederholt sich derselbe Fehler fortwährend in gleichem Sinne und das Nivellement kann allein aus diesem Grunde schon unbrauchbar werden.

Bei der Mercurial-Waage ist die Horizontale durch die auf dem Quecksilber schwimmenden Dioptern gegeben, augenscheinlich nimmt sie aber eine falsche Richtung an, wenn eine Diopter etwas tiefer sich stellt, als die andre. Dieses geschieht, wenn schon ursprünglich hierbei eine Unrichtigkeit statt fand, oder wenn später durch Vermehrung oder Verminderung des Gewichtes eine solche eintritt. Eine Vorrichtung zum Berichtigen der Dioptern fehlt aber, da man jede nicht dringend gebotene Mehrbelastung der Elfenbein-Würfel vermeiden muſs, weil diese sonst während sie auf dem Quecksilber schwimmen, die horizontale Stellung verlieren würden. Bei diesem Instrumente ist es daher dringend geboten, jedesmal dieselbe Diopter dem Auge zuzukehren, also beim Rückwärts-Visiren das ganze Instrument umzudrehn. Alsdann treten in beiden Richtungen dieselben Fehler ein und heben sich sonach grofsentheils gegenseitig auf.

§ 46.

Die Libelle mit dem Fernrohre pflegt immer mit den nöthigen Vorrichtungen zur Berichtigung versehn zu sein, wodurch die constanten Fehler, wenn auch nicht ganz aufgehoben, doch wenigstens sehr vermindert werden können. Das Verfahren bei dieser Berichtigung, welches man gewöhnlich empfiehlt, und für welches die Instrumente auch eingerichtet zu sein pflegen, ist indessen keineswegs bequem und sicher.

Auf das Fernrohr, welches mit der Libelle fest verbunden ist, sind meist zwei stärkere Ringe aufgelöthet, deren äufsere Flächen cylindrisch abgedreht sind, und welche gleiche Durchmesser haben. Diese Cylinder ruhen in zwei gleichen, gabelförmigen Lagern. In das Fernrohr sind feine Fäden eingespannt, welche die Visirlinie bezeichnen. Gewöhnlich sind zwei dergleichen vorhanden, von denen der eine vertikal und der andre horizontal gerichtet ist. Diese Fäden befinden sich an einen Ring befestigt, den man mittelst vier kleiner Schrauben im Fernrohr etwas verstellen kann.

Das Verfahren bei der Prüfung und Berichtigung bezieht sich zunächst auf die Richtung der Visirlinie gegen die Achse des Fernrohrs, oder vielmehr gegen die gemeinschaftliche Achse jener beiden Cylinder, auf denen das Fernrohr ruht, und sodann auf die Stellung des Niveaus zu dieser Achse.

Ob die Visirlinie des Fernrohrs, also die Absehenslinie, welche durch den Kreuzpunkt der beiden Fäden gegeben ist, mit der Achse der beiden Cylinder übereinstimmt, ergiebt sich aus der Drehung des Fernrohrs um seine Achse, während es auf beiden Lagern ruht. Man richtet das Fernrohr so, dafs jener Kreuzpunkt einen recht scharf markirten Gegenstand trifft, und sieht nun zu, ob während der Drehung dieser Gegenstand fortwährend von dem Kreuzpunkte geschnitten wird, oder ob letzterer verglcichungsweise gegen ihn einen kleinen Kreis beschreibt. Im ersten Falle befinden sich die Fäden an der richtigen Stelle, im zweiten dagegen nicht, und man mufs den erwähnten Ring, in welchen sie eingespannt sind, so verstellen, daſs jene Bedingung erfüllt wird. Diese Berichtigung ist aber sehr schwierig. Beim Drehn des Fernrohrs bemerkt man zwar, in welcher Richtung die Verstellung erfolgen muſs, um welche Winkel aber die einzelnen Schrauben zu drehen sind, ist unbekannt, daher wird bei dem ersten Versuche keineswegs der beabsichtigte Zweck erreicht, vielmehr ergiebt sich beim Wiedereinlegen und Drehen des Fernrohrs, daſs man entweder die Fäden noch nicht genügend verstellt, oder sie bereits über die beabsichtigte Stelle hinaus verschoben hat. Es sind also vielfache Versuche nothwendig, bis endlich die Verbesserung vollständig, oder doch wenigstens sehr nahe erreicht ist.

Jeder dieser Versuche ist zeitraubend und erfordert auch einige Handfertigkeit. Es genügt nämlich keineswegs, eine Schraube anzuziehn, sondern man muſs auch die gegenüberstehende zuvor etwas gelöst haben, und selbst die beiden andern, senkrecht gegen diese gekehrten Schrauben dürfen nicht so fest angezogen sein, daſs sie die Verstellung des Ringes in der ersten Richtung verhindern. Hat man endlich das Kreuz in solche Lage gebracht daſs es beim Drehen des Rohrs stets denselben Punkt deckt, so müssen noch die sämmtlichen vier Schrauben fest gestellt werden, um jede spätere zufällige Verrückung des Ringes zu verhindern. Hierbei treten aber sehr leicht wieder auffallende Aenderungen ein, die aufs Neue aufgehoben werden müssen. Diese ganze Operation wird noch wesentlich dadurch erschwert, daſs der erwähnte Ring in der Ocular-Röhre sich befindet, und die Schrauben durch die folgende Röhre, die mit der des Objectives verbunden ist, überdeckt werden. Man muſs also jedesmal die Ocular-Röhre wenigstens etwas ausschieben, und bei manchen Instrumenten sogar vollständig abschrauben, bevor man zu den Köpfen der erwähnten vier kleinen Stellschrauben gelangt.

Die vorstehend beschriebene Berichtigung bietet hiernach so viele Schwierigkeiten, daſs sie dem Feldmesser wohl nicht leicht gelingen dürfte, wenn er nicht Geschicklichkeit und Uebung in mechanischen Arbeiten besitzt. Gemeinhin pflegt er sich auch nicht hiermit zu befassen, sondern überläſst die richtige Einstellung des Fadenkreuzes dem Mechaniker, sobald er bemerkt, daſs der Durchschnitt der Fäden auffallend von der Drehungs-Achse abweicht.

Hierbei kommt indessen noch ein andrer Umstand in Betracht. Die Fäden verdecken nämlich einen Theil des Gesichtsfeldes, und namentlich thut dieses der Durchschnittspunkt beider Fäden, woher man denselben nicht leicht zum Visiren benutzt. Damit die Fäden aber nicht reifsen oder schlaff werden, wählt man in den Nivellir-Instrumenten dazu häufig Metallfäden, die unter der Vergröfserung des Oculars eine bedeutende Dicke haben, also vielleicht ganze Zolle verdecken. Gewöhnlich sind auf den Tableaus vier Quadrate dargestellt, nämlich zwei schwarze und zwei weifse, deren Seiten horizontal und vertikal gerichtet sind. Sie werden so eingestellt, dafs zwei Quadrate über, und zwei unter dem Faden sich befinden, wenn jedoch der dicke Faden die Durchschnittslinie verdeckt, so hat man gar kein Urtheil über die richtige Einstellung und es bleibt nur übrig, wie auch gewöhnlich geschieht, das Tableau soweit heben oder senken zu lassen, bis der untere Rand des obern weifsen Quadrates unter, oder der obere Rand des untern so eben über dem Faden sichtbar wird. In dieser Art läfst sich mit gröfserer Schärfe die Einstellung machen, aber alsdann weicht die Richtung der Visirlinie von der durch das Fadenkreuz gezogenen ab und die beschriebene Berichtigung wird illusorisch.

Der letzte Uebelstand läfst sich wesentlich vermindern, wenn man feine Spinnenfäden benutzt, die jedoch wenig dauerhaft sind, und daher nur angewendet werden dürfen, wenn der Feldmesser selbst im Stande ist, neue einzuziehn. Ein anderes Auskunftsmittel, das bei astronomischen Instrumenten oft angewendet wird, besteht darin, dafs man zwei Parallel-Fäden sehr nahe neben einander einspannt, und die Visirlinie durch die Mitte des kleinen Intervalles bestimmt wird. Durch passende Bezeichnung der Tableaus lassen sich indessen auch stärkere Fäden zur scharfen Beurtheilung der Höhenlage benutzen. Das quadratische Tableau wird nämlich in derselben Art, wie die im Folgenden beschriebene kleine Marke durch zwei Diagonalen in vier Dreiecke eingetheilt. Die mit den Spitzen nach oben und nach unten gekehrten färbt man schwarz, die beiden Seiten-Dreiecke dagegen weifs. Alsdann läfst sich sehr genau auf den letzten beiden erkennen, ob der dunkle Horizontal-Faden, wenn er auch die Spitzen der Dreiecke vollständig überdeckt, mit seiner Mittellinie in diese Spitzen fällt. Der Faden zerschneidet nämlich die Seiten-Dreiecke in zwei obere und zwei untere, und diese wie jene müssen mit ihren innern Ecken sich gleich weit einander nähern, wenn das Tableau gegen den Faden die richtige Höhe hat.

Noch schwieriger ist die Berichtigung der Libelle. Die dabei zu stellende Bedingung ist zwar sehr einfach, nämlich die darin befindliche Luftblase soll dieselbe Stelle einnehmen, wenn man das Fernrohr aushebt und es verkehrt wieder einlegt, so daſs die erwähnten cylindrischen Ringe am Fernrohre gegen die gabelförmigen Lager, auf denen sie ruhn, verwechselt werden. Das Fernrohr mit der Libelle wird zu diesem Zwecke zunächst durch die an der einen Gabel befindliche Stellschraube soweit gehoben oder gesenkt, bis die Luftblase die passende Stelle in der Röhre einnimmt, alsdann legt man das Fernrohr um, und aus der Richtung, in welcher die Blase nunmehr ihre Stelle verändert, ergiebt sich leicht, in welcher Art die Verbindung zwischen der Libelle und dem Fernrohre einer Verbesserung bedarf. Die Berichtigung der Libelle muſs indessen nur die Hälfte des Ausschlages der Blase aufheben, während die andre Hälfte durch die veränderte Stellung der Gabel zu beseitigen ist. Es bedarf wieder vielfacher Versuche, bevor man hiermit annähernd zu Stande kommt, bei empfindlichen Libellen gelingt es aber niemals vollständig. Es kommt nämlich darauf an, daſs während des Umlegens die Lager genau ihren frühern Stand behalten, also gar keine Bewegung oder Erschütterung im Instrumente eintritt, die bei der nothwendigen leichten Beschaffenheit des Stativs sehr schwer zu vermeiden ist. Wie vorsichtig man dabei auch zu Werke gehn mag, so wird jedesmal eine geringe Aenderung eintreten, die bei einer empfindlichen Libelle sich schon zu erkennen giebt. Das Gewicht der letzteren mit dem des Fernrohres ist vergleichungsweise zu dem des übrigen Theiles des Instrumentes schon zu bedeutend, als daſs dieses sich nicht verstellen sollte, wenn jene Theile abgehoben und wieder aufgelegt werden. Man kann sich hiervon leicht überzeugen, wenn man mit möglichster Vorsicht das Fernrohr abhebt, und es unmittelbar darauf in derselben Richtung wieder einlegt. Es ist mir nie geglückt, alsdann wieder die frühere Stellung der Luftblase zu erhalten, sie zog sich jedesmal, wenn auch nur wenig, so doch schon merklich, nach der einen oder der andern Seite. Wollte man dabei aber noch die Ueberwürfe über die gabelförmigen Lager bringen und feststellen, so würde der Ausschlag übermäſsig groſs ausfallen.

Die Methode der Berichtigung, deren ich mich bedient habe, läſst sich mit gröſserer Schärfe und weniger Mühe ausführen. Sie beruht darauf, daſs man in derjenigen Entfernung, in welcher man nach Maaſsgabe der Vergröſserung und Deutlichkeit des Fernrohrs gewöhnlich zu visiren pflegt, einen Punkt bezeichnet, der mit der Ocular-Oeffnung des nahe richtig eingestellten Fernrohrs in gleicher Höhe sich befindet. Am leichtesten geschieht dieses, wenn

man das Instrument über dem Rande einer Wasserfläche aufstellt, so daſs das Ocular sich schon lothrecht darüber befindet. In
der erwähnten Entfernung und zwar gleichfalls bereits in das Wasser wird ein Stab senkrecht eingestellt. Nach letzterem richtet man
das Fernrohr und stellt es nach der Libelle, wenn dieselbe auch
noch nicht vollständig berichtet ist, horizontal. Nunmehr nimmt
man einen dünnen und unten zugespitzten Stab, hält denselben unmittelbar an die Ocular-Oeffnung, indem man das Fernrohr leise
berührt, und senkt den Stab soweit, bis er die Oberfläche des Wassers trifft. Letzteres läſst sich sehr genau erkennen, denn sobald
die Berührung erfolgt, so hebt sich die Oberfläche neben der Spitze
und die Spiegelung verändert sich sehr auffallend. Die Stelle am
Stabe, welche in die Höhe der Mitte der Ocular-Oeffnung trifft,
bezeichnet man durch einen Strich mit Blei. Alsdann befestigt man

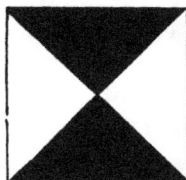

mittelst Nadeln an den erwähnten Stab im Wasser eine etwa 3 Zoll hohe Marke von Papier die
in der nebenstehenden Art bezeichnet ist. Man
bedient sich dabei wieder desselben leichten zugespitzten Stabes, der eben so, wie das erste mal
mit der Oberfläche des Wassers in Berührung gebracht wird, und an dem jener Strich die Höhe
für den Mittelpunkt der Marke bezeichnet. Dieser Mittelpunkt befindet sich also in der Höhe des Oculars, und wenn man das Fernrohr nach ihm richtet, so hat es die horizontale Stellung eingenom-
men, und man darf nur die Libelle mittelst der Schrauben so ändern,
daſs sie nunmehr auch genau einspielt. Sollte das Fernrohr bei
dieser Operation sich etwas verstellen, so kann man es immer leicht
gegen die feste Marke wieder einrichten.

Bei dem Einstellen des Fernrohrs nach der Marke ändert sich
freilich seine Richtung gegen den Horizont und sonach hebt oder
senkt sich auch die Ocularöffnung, so daſs sie nicht mehr mit jener
Marke in gleicher Höhe bleibt. Diese Aenderung ist indessen, wenn
es sich nur um kleine Berichtigungen handelt, wie solche während
der Arbeit vorkommen, so unbedeutend, daſs sie nur wenige Hun-
derttheile eines Zolles zu betragen pflegt, also ohne Einfluſs ist.
Sollte aber zufällig die Libelle eine sehr abweichende Lage angenommen haben, so muſs man nach der ersten Berichtigung und Einstellung die Höhe des Oculars nochmals auf die Marke übertragen
und nunmehr die Berichtigung vervollständigen. Die Einstellung
des Fernrohrs ist mit groſser Schärfe auszuführen, indem man an

dem erwähnten Vortreten der Spitzen der Seitendreiecke über und
unter dem horizontalen Faden mit Sicherheit wahrnehmen kann, ob
die Mittellinie des Fadens die gemeinschaftliche Spitze der beiden
schwarzen Dreiecke trifft. Auch alle übrigen Theile der Operation
haben solche Schärfe, daſs in der Berichtigung ein Fehler von 0,1 Zoll
für die gewählte Entfernung nicht vorkommen kann. Bedingung ist
es dabei aber, daſs stehendes Wasser und zwar im Zustande voller
Ruhe vorhanden ist. Schon bei mäſsigem Winde gelingt diese Operation nicht mehr, und man muſs vollends darauf verzichten, wenn
kein kleiner See oder Teich in der Nähe ist. Alsdann wählt man
das folgende Verfahren, welches etwas zeitraubender, aber beinahe
eben so sicher ist.

Man stellt die beiden eingetheilten Visirlatten, von denen später
die Rede sein wird, lothrecht und wieder in derselben Entfernung
von einander auf, in der man beim Nivelliren zu visiren pflegt. Hierauf bringt man das Instrument seitwärts neben die eine der beiden
Latten, so daſs die Ocular-Oeffnung ein wenig vor diejenige einge-
theilte Fläche vortritt, die der andern Latte zugekehrt ist. Durch
Anhalten eines kleinen Lineals kann man alsdann die Höhe des Mit-
telpunktes der Ocular-Oeffnung an der Latte ablesen, nachdem das
Fernrohr gegen die zweite Latte gerichtet und die Libelle zum Einspielen gebracht ist. Die Höhe des Oculars an der Latte *A* sei

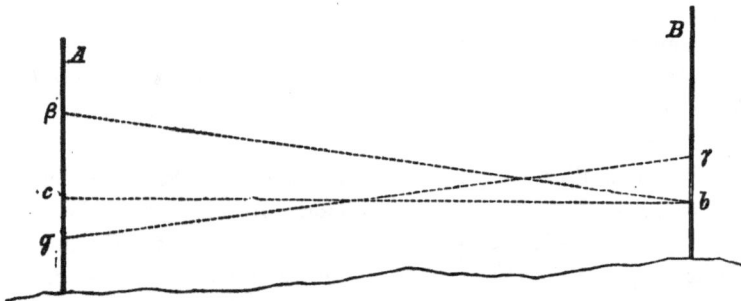

gleich *g* und man lese durch das so gestellte Fernrohr an der Latte *B*
die Höhe γ ab. Alsdann stellt man das Instrument in gleicher
Weise an die Latte *B* und visirt nachdem die Libelle gerichtet ist,
zurück nach *A*. Hier lese man die Höhe β ab, während an der
Latte *B* die Ocular-Oeffnung sich in der Höhe *b* befindet. Indem
nun bei der unveränderten Lage der Libelle gegen das Fernrohr

die Linie $g\gamma$ unter demselben Winkel gegen den Horizont geneigt ist, wie $b\beta$, so bilden sich zwei gleichschenklige Dreiecke, und der Punkt $\frac{1}{2}(g+\beta)$ an der Latte A liegt in gleicher Höhe mit $\frac{1}{2}(\gamma+b)$ an der Latte B. Wenn man von diesen beiden Höhen $\frac{1}{2}(\gamma+b)$ abzieht, so bestimmt sich der Punkt c an der Latte A, der mit b oder dem Ocular des Instrumentes bei seiner letzten Aufstellung in gleicher Höhe liegt. Das Maaſs für den Punkt c ist nämlich

$$\tfrac{1}{2}(g+\beta-b-\gamma)$$

dieses Maaſs bezeichnet man auf A durch jene Papiermarke. Auf letztere wird das Fernrohr von b aus gerichtet und die Libelle soweit verstellt, daſs sie bei dieser Richtung des Fernrohrs einspielt.

§ 47.

Was die Krümmung der Erde und die Strahlenbrechung betrifft, so läſst sich der Einfluſs derselben leicht nachweisen. Miſst man die Elevation eines entfernten Gegenstandes, z. B. eines hohen Thurmes, mittelst eines Vertical-Kreises, so ist der Winkel zwischen der Spitze des Thurmes und dem Horizont nicht derjenige, der mit dem Abstande multiplicirt die ganze Höhe über dem Instrumente angiebt, vielmehr muſs dieser Winkel, der gleich h sei, noch in zweifacher Beziehung verbessert werden. Zuerst liegt wegen der Krümmung der Erde ein Theil des Thurmes unter dem Horizont des Instrumentes. Der dazu gehörige Winkel ist ein Chordo-Tangentenwinkel des gröſsten Kreises, der auf der Erdoberfläche zwischen beiden Punkten gezogen ist, und dieser Winkel ist bekanntlich gleich dem halben Centri-Winkel, also $\frac{1}{2}\varphi$. Der gemessne Elevations-Winkel h muſs daher um $\frac{1}{2}\varphi$ vergröſsert werden.

Sodann ist die Strahlenbrechung zu berücksichtigen. Indem der Lichtstrahl von dem höheren beobachteten Punkte nach dem tiefer stehenden Instrumente aus den dünneren Luftschichten in die dichteren übergeht, so wird er gebrochen und krümmt sich näherungsweise nach einem Kreisbogen, dessen Radius das Sechsfache des Erdradius miſst. Die concave Seite des Strahles liegt wieder abwärts, und es tritt sonach derselbe Fall ein, als wenn man auf einer Kugel, deren Radius das Sechsfache des Erdradius ist, zwischen denselben Punkten gemessen hätte. Der betreffende Centri-Winkel ist also gleich $\frac{1}{6}\varphi$, oder der Chordo-Tangentenwinkel $\frac{1}{12}\varphi$. Dieser Winkel muſs aber von dem ersten abgezogen werden, weil er wegen der Krümmung des Strahles die Elevation vergröſsert.

Der wahre Höhenwinkel, der mit der Entfernung multiplicirt
die richtige Erhebung darstellt, ist also

$$h + \tfrac{b}{12}\varphi$$

Bezeichnet H diese Erhebung, D den Abstand des Instrumentes von
dem gemefsnen Gegenstande und r den Erdradius, so ist

$$H = D\left(h + \tfrac{b}{12}\varphi\right)$$

aber

$$\varphi = \frac{D}{r}$$

also

$$H = D\left(h + \tfrac{b}{12}\cdot\frac{D}{r}\right)$$

Indem man beim gewöhnlichen Nivelliren keine Elevations-Winkel mifst, vielmehr horizontal visirt, so ist $h = 0$, und man hat

$$H = \tfrac{b}{12}\cdot\frac{D^2}{r}$$

Der Erdradius r mifst im mittleren Breitengrade 1690500 Rheinländische Ruthen, wenn daher alle Gröfsen in diesem Maafse ausgedrückt werden, so folgt

$$H = 0{,}000\,000\,24648 \cdot D^2$$

oder wenn H in Zollen, D dagegen in Ruthen gemessen wird

$$H = 0{,}000\,0355 \cdot D^2$$

Hiernach kann man die Correction H wegen Krümmung der Erde
und Strahlenbrechung leicht berechnen, wenn die Entfernung D bekannt ist. Man findet darnach

für $D =$		$H =$	
=	10 Ruthen	= 0,003	Zoll
=	20 -	= 0,014	-
=	30 -	= 0,032	-
=	40 -	= 0,057	-
=	50 -	= 0,089	-
=	60 -	= 0,128	-
=	70 -	= 0,174	-
=	80 -	= 0,227	-
=	90 -	= 0,287	-
=	100 -	= 0,355	-

Es ergiebt sich hieraus dafs man bei geringen Entfernungen,
wenn dieselben auch verschieden sind, keine Correction wegen Krümmung der Erde und Strahlenbrechung anzubringen braucht, dieses
vielmehr nur bei bessern Nivellir-Instrumenten in dem Falle erfor-

derlich wird, wenn man gezwungen ist, das Instrument viel näher
an die eine, als an die andre Latte zu stellen. Die erwähnte Correction ist zwar auch nicht ganz sicher, insofern die Strahlenbrechung
nicht constant ist, sondern nach Maaſsgabe der Witterung gröſsere
oder kleinere Werthe annimmt, doch dürfte beim eigentlichen Nivelliren, wo die Entfernungen immer sehr mäſsig bleiben, in dieser Beziehung kein merklicher Fehler zu besorgen sein, sobald die vorstehende Berichtigung eingeführt wird.

Nichts desto weniger muſs man die Aufstellung der Latten in
sehr verschiedenen Abständen doch immer möglichst vermeiden, weil
dabei auch die Fehler wegen unvollständiger Berichtigung der Libelle
in Betracht kommen. Zuweilen sieht man sich indessen dazu gezwungen, namentlich wenn man eine steile Anhöhe ersteigt, oder
von derselben herabgeht, weil die Latte höher ist, als das Doppelte
der Höhe des Instrumentes, und man um gar zu kurze Stationen
zu vermeiden das Instrument von der tiefer stehenden Latte so weit
entfernt, daſs ihr oberes Ende noch von der Visirlinie getroffen wird.
Auſserdem muſs man auch wenn die Richtung des Nivellements-Zu-
ges nahe mit der der Sonnenstrahlen und zwar bei niedrigem Stande
der Sonne zusammenfällt, beim Visiren gegen die letztere sehr kurze
Entfernungen wählen, weil die Maaſse undeutlich werden. Wiederholt sich diese ungleiche Aufstellung der Stäbe vielfach und zwar
immer in gleichem Sinne, so darf man nicht unterlassen, die erwähnten Correctionen einzuführen.

Ist das Instrument so berichtigt worden, daſs die Visirlinie horizontal liegt, so miſst man an jeder Latte die Höhe zu groſs, und
die Differenz beider abgelesenen Höhen ist daher um die Differenz
beider Correctionen zu verbessern. Wenn dagegen die Berichtigung
nach der vorstehend beschriebenen Methode statt gefunden hat, so
findet für die dabei gewählte Entfernung keine Correction statt, wohl
aber für eine geringere Entfernung eine positive, und für eine gröſsere
eine negative. Das Instrument sei auf den Abstand von 40 Ruthen
berichtigt, so wird bei einem Abstande der Latte von nur 20 Ruthen
die abgelesene Höhe um $0{,}057 - 0{,}014 = 0{,}043$ Zoll vergröſsert
werden müssen, und wenn die andre Latte 60 Ruthen entfernt ist,
so muſs die Höhe an dieser um $0{,}128 - 0{,}057 = 0{,}071$ Zoll vermindert werden. Die Correction in Bezug der beiden Latten ist also
gleich der Summe beider partiellen Correctionen oder 0,114 Zoll.
Im andern Falle, wenn das Instrument beim Einspielen der Libelle
eine horizontale Visirlinie giebt, ist für dieselben Entfernungen die

ganze Correction gleich der Differenz derer, die sich auf 20 bis 60 Ruthen beziehn, also 0,128 — 0,014 also eben so grofs, wie früher, oder wieder 0,114 Zoll.

§ 48.

Als dritte Fehler-Ursache beim Nivelliren mufs die Undeutlichkeit des Bildes angeführt werden. Dieselbe darf man jedoch nur in dem Falle dem Instrument beimessen, wenn dieses mit einem Fernrohr versehn ist, sonst liegt sie in der Unvollkommenheit des menschlichen Auges. In geringen Distanzen veranlafst sie keine bedeutenden Fehler, doch werden diese bei weiteren Abständen sehr grofs und können alsdann sogar alle sonstigen Fehler überwiegen. Das deutliche Sehn bedingt daher vorzugsweise die Länge der Nivellir-Stationen.

Der Beobachter mufs untersuchen, in welcher Entfernung er mit seinem Fernrohre die gewählte Eintheilung der Visirlatten noch deutlich erkennen kann. Dabei sind aber manche äufsere Umstände zu berücksichtigen, von denen zum Theil bereits die Rede war. Dahin gehört das Blenden des Sonnenlichtes, wenn man bei niedrigem Stande der Sonne nahe gegen dieselbe visirt. Es empfiehlt sich alsdann, von der geraden Richtung abzuweichen und den Nivellements-Zug im Zickzack zu führen, so dafs die einzelnen Linien etwa unter einem halben rechten Winkel von der Hauptrichtung abweichen. Dabei lassen sich die auf beiden Seiten eingetheilten Latten noch so stellen, dafs man vor-, wie rückwärts die Höhen daran ablesen kann. Hierdurch wird vermieden, dafs die Entfernungen sehr verschieden sind, und dieses ist auch in Betreff der Deutlichkeit sehr wichtig. Man hat nämlich die Ocular-Röhre so weit ausgezogen, dafs das Bild in derjenigen Entfernung, in welcher man gewöhnlich mifst, die gröfste Schärfe hat. In bedeutend gröfserer Nähe verschwindet diese Schärfe aber so sehr, dafs ohnerachtet der Nähe, die Ablesung weniger genau wird. Das weitere Ausziehn der Ocular-Röhre mufs man aber vermeiden, weil dadurch die Absehens-Linie, für welche die Libelle eingestellt ist, leicht verändert werden könnte.

Die Deutlichkeit des Bildes leidet ferner wenn das Objectiv-Glas von der Sonne beschienen wird, und dieses vermeidet man durch eine leichte Aufsatzröhre, die einige Zolle weit über das Fernrohr hinaustritt, und die man nöthigen Falls aus einem Blättchen steifen Papiers darstellt. Diese Röhre gewährt noch den Vortheil, daß bei schwachem Regen, wobei die Arbeit noch fortgesetzt werden kann, die Tropfen nicht auf das Objectiv fallen, und die Deutlichkeit vollends aufheben.

Hierbei wäre auch noch zu erwähnen daß es bei niedrigem Stande der Sonne sich zuweilen ereignet, daß das Licht von der mit Oelfarbe angestrichenen Latte gerade nach dem Instrumente reflectirt wird, und man alsdann die Eintheilung nicht mehr erkennen kann. Durch passende Stellung der Latten, die etwas gedreht werden, läßt sich dieses freilich leicht vermeiden, nachdem aber bereits die Höhe an der Latte in der vorgehenden Station abgelesen ist, darf keine Veränderung in ihrer Stellung vorgenommen werden, und alsdann bleibt nur übrig, die Latte künstlich zu beschatten, indem der Gehülfe mit einem belaubten Zweige, oder in andrer Weise das Sonnenlicht abhält.

§ 49.

Es bleiben noch die Fehler zu untersuchen, die beim Aufstellen der Visirstäbe und beim Richten der Tableaus vorkommen können. Stehn die Stäbe oder Latten nicht senkrecht, so wird an denselben die Höhe jedesmal größer gemessen, als sie wirklich ist. In ebenem Terrain heben sich diese Fehler theilweise auf, weil man jedesmal ungefähr in derselben Höhe der Latten das Maaß abliest. Wird dagegen eine Anhöhe hinauf nivellirt, so hat die schiefe Stellung der hintern Latte größern Einfluß auf das Resultat, als die der vordern, weil das abgelesene Maaß ein längeres ist. Eine Ausgleichung kann daher in diesem Falle nicht mehr statt finden. Die Fehler, die immer in demselben Sinne vorkommen, summiren sich, und man findet die Anhöhe höher, als sie wirklich ist. Dazu kommt noch, daß man auf unebenem Terrain, wo der Horizont nicht frei ist, durch bloßen Augenschein den lothrechten Stand der Latte nicht beurtheilen kann und in der Schätzung desselben leicht um 15 Grade sich irrt. Wenn der Fehler durchschnittlich aber auch nur 10 Grade beträgt, also die Höhen im Verhältniß von $1 : \cos 10^\circ$ zu groß abgelesen werden, so giebt dieses schon einen Fehler von 1 Fuß auf 65 Fuß Höhe.

Wenn die Latte nicht in den Boden fest eingestoßen, sondern nur auf ein Pfählchen aufgestellt und mit der Hand gehalten wird, so pflegt, wie schon oben bemerkt wurde, ihr lothrechter Stand nur in soweit beurtheilt zu werden, daſs sie nicht stark aus der vom Instrumente aus durch sie gelegten Vertical-Ebene abweicht, während ihre Abweichung in dieser Ebene ganz unbeachtet bleibt. Zuweilen wählt der Feldmesser die Glasröhren seiner Canalwaage zur Norm und hält mit der strengsten Gewissenhaftigkeit darauf, daſs der Visir-stab in der Ebene gehalten wird, in der die Glasröhren stehen, ohne sich irgend davon zu überzeugen, daſs dieses wirklich eine Vertical-Ebene ist.

Bei den lose aufstehenden Latten würde eine kleine daran be-festigte Dosen-Libelle wohl der bequemste Apparat zur Controlle in dieser Beziehung sein, wie Bourdaloue davon auch in der That Ge-brauch gemacht hat. Der Beobachter kann aber während des Visi-rens nicht beurtheilen, ob der Gehülfe alsdann den Stab richtig hält, und sonach wird hierdurch keineswegs eine gröſsere Sicherheit er-reicht.

Die feste Aufstellung der Latten ist zur Sicherung gegen auffallende Fehler dringend geboten. Alsdann läſst sich sehr bequem ein Loth benutzen, welches der Arbeiter bei sich führt, und an wel-chem er nach dem jedesmaligen Einstellen in einer und der andern Richtung den Stand beurtheilen und verbessern kann. Durch das-selbe Mittel prüft aber auch der Beobachter die richtige Aufstellung jeder Latte.

Das Aufsetzen des Visirstabes auf den Kopf eines vorher eingeschlagenen kleinen Pfählchens, wie dieses gewöhnlich ge-schieht, ist noch insofern unsicher, als ein solcher Kopf keine hori-zontale Ebene bildet, also der Stab bei dem Visiren von der einen Seite leicht etwas höher steht, als wenn von der andern Seite dagegen visirt wird. Die hieraus entspringenden Fehler sind indessen im All-gemeinen nur geringe, und heben sich auch gegenseitig zum Theil auf, da sie eben sowol positiv, wie negativ sein können. Dabei kommt aber noch die Frage in Betracht, ob der Pfahl auch feststeht, und nicht vielleicht durch das Gewicht der 10 bis 12 Fuſs hohen Stange mit dem Tableau herabgedrückt wird. Namentlich in sumpfigem Wiesengrunde ist dieses sehr zu besorgen, und der Feldmesser pflegt alsdann auch wohl die Arbeiter anzuweisen, daſs sie den Stab recht sanft aufstellen. Erfolgt dabei ein Eindrücken, so ist dasselbe zwar ohne Nachtheil, so lange noch nicht gegen den darauf stehenden Stab nivellirt ist, doch kann es auch später geschehn, namentlich beim Umwenden des Stabes, indem das Tableau nach der andern Seite gekehrt wird. Die hierdurch veranlaſsten Fehler treten jedesmal in demselben Sinne ein, summiren sich also, und das Nivellément zeigt ein dauerndes Ansteigen, weil die Latten während der Messung sich stets senkten.

Was die Tableaus betrifft, so werden dieselben nicht leicht so scharf eingestellt, wie man mit dem Fernrohre selbst die Theilung ablesen könnte. Von den sehr grofsen Fehlern, die der Gehülfe aber begehn kann, wenn er die Einstellung nicht richtig macht, oder die Tableaus verstellt, bevor der Feldmesser die Höhen abgelesen hat, war schon oben (§ 41) die Rede. Auch wurde mitgetheilt (§ 46), dafs es sich mehr empfiehlt auf das Tableau vier Dreiecke, als vier Quadrate zu zeichnen, weil im ersten Falle die Höhe des Punktes, in welchem die vier Spitzen der Dreiecke liegen, sich sicherer erkennen läfst.

§ 50.

Sehr wichtig ist die Frage, wie grofs der wahrscheinliche Fehler eines Nivellements ist, oder mit welcher Wahrscheinlichkeit man erwarten darf, dafs der dabei begangene Fehler die erlaubte Grenze nicht überschreitet. Im Allgemeinen läfst sich hierauf keine Antwort geben. Welches Instrument man auch anwenden mag, so wird die Sicherheit des Resultates jedesmal vorzugsweise von der Sorgfalt und Uebung des Beobachters abhängen. Setzt man diese voraus, und nimmt zugleich an, dafs die Gehülfen zuverlässige Leute sind, die keine absichtlichen Täuschungen einführen, auch beim Aufstellen der Visirstäbe hinreichende Uebung haben, um gröfsere Fehler zu vermeiden, so läfst sich die Wahrscheinlichkeit der mit verschiedenen Instrumenten erhaltenen Resultate ungefähr beurtheilen. Von der Mercurial-Waage mufs indessen abgesehn werden, weil die dabei vorkommenden Fehler leicht übermäfsig grofs ausfallen und selbst durch volle Aufmerksamkeit nicht immer zu vermeiden sind.

Die Canalwaage ist in früherer Zeit vielfach als ein sehr zuverlässiges Nivellir-Instrument empfohlen worden. Gilly sagt*), dafs bei mehrfacher Verschiebung des Tableaus im Abstande von 10 Ruthen der Unterschied zwischen den einzelnen Ablesungen nie über ein Achttheil Zoll betragen habe. Mir ist ein Beispiel von dieser Genauigkeit nie vorgekommen. Ich habe häufig nach den Winken geübter Feldmesser das Tableau selbst eingestellt und die Höhen abgelesen, die Abweichungen vom Mittel betrugen alsdann aber bei

---

*) Practische Anleitung zur Anwendung des Nivellirens. Berlin 1800.

Entfernungen von 5 Ruthen schon ein Viertel Zoll. Nur einem Feldmesser, der aber besondere Uebung besaſs, gelang es, das Tableau so scharf einrichten zu lassen, daſs der wahrscheinliche Fehler bei derselben Entfernung sich etwa auf 0,1 Zoll stellte. Diese Genauigkeit bleibt indessen noch immer sehr bedeutend hinter derjenigen zurück, die Gilly anführt, und in allen diesen Fällen wurden ungewöhnliche Aufmerksamkeit und Sorgfalt angewendet, wie auch die Fehler vermieden, welche aus der unrichtigen Aufstellung der Stäbe und unpassender Handhabung der Tableaus oder der falschen Ablesung der Höhen entspringen.

Ich habe auſserdem verschiedentlich Gelegenheit gehabt, Nivellements zu vergleichen, die sich gegenseitig controllirten. Die Unterschiede waren dabei aber stets so groſs, daſs sie mit Rücksicht auf die wahrscheinliche Ausgleichung der Fehler, in der einzelnen 10 Ruthen langen Station auf einen wahrscheinlichen Fehler von nahe 1 Zoll schlieſsen lieſsen. In einem solchen Falle, der sich auf ein Nivellement von mehr als 8 Meilen Länge bezog, das unter günstigen Umständen, nämlich während des Sommers auf den Kronen von Deichen und zwar von einem als zuverlässig anerkannten Geometer ausgeführt war, stellte sich der Unterschied so groſs heraus, daſs der wahrscheinliche Fehler für jede 20 Ruthen lange Station sich sogar auf $2\frac{2}{4}$ Zoll stellte.

Die Angabe von Netto *), daſs man mit der Canalwaage auf Entfernungen von 7 bis 8 Ruthen die Horizontale „allerhöchstens bis auf einen halben Zoll verbürgen kann", erscheint hiernach keineswegs übertrieben, vielmehr noch eine günstige Voraussetzung zu sein. Man dürfte wohl annehmen, daſs bei gehöriger Uebung und Aufmerksamkeit auf die ganze Operation der wahrscheinliche Fehler des Visirens gegen die in 5 Ruthen Abstand aufgestellte Tafel $\frac{1}{4}$ Zoll beträgt. Alsdann ist der wahrscheinliche Fehler für eine Station von 10 Ruthen Länge

$$\tfrac{1}{4} \cdot \sqrt{2} \ \text{Zoll}$$

Indem aber jedes Nivellement vorschriftsmäſsig noch in entgegengesetzter Richtung wiederholt werden soll, so vermindert sich der wahrscheinliche Fehler für die Station von 10 Ruthen wieder auf $\frac{1}{4}$ Zoll, und für 10 Stationen oder auf 100 Ruthen beträgt er

$$0,25 \sqrt{10} = 0,79 \ \text{Zoll}$$

*) Handbuch der gesammten Vermessungskunde.

Indem nun aber nach dem neuen Preußischen Feldmesser-Reglement auf 100 Ruthen Länge nur ein Fehler von 0,671 Zoll gestattet ist, so überschreitet der wahrscheinliche Fehler schon die erlaubte Grenze, und es ist sonach wahrscheinlicher, daß jede Messung, die man mit der Canalwaage ausführt, bei einer Revision für falsch, als daß sie für richtig anerkannt werden wird. Dieses Instrument darf daher niemals gebraucht werden, wo die Vorschrift in Betreff der erlaubten Fehlergrenze in Anwendung kommt.

§ 51.

Mittelst eines Nivellir-Instrumentes, das mit einer empfindlichen Libelle und einem mäßigen Fernrohre versehn ist, erreicht man leicht eine viel größere Genauigkeit, man darf jedoch nicht glauben, daß die Anwendung eines solchen schon jede Gefahr vor bedeutenden Fehlern beseitige, vielmehr erfordert die richtige Behandlung desselben noch besondere Ueberlegung und Aufmerksamkeit, so wie auch Uebung in der Berichtigung und im Gebrauche. Außerdem gewährt das Nivellir-Instrument keine Sicherheit gegen alle Fehler, die bei der Aufstellung und Behandlung der Visirlatten und Tableaus vorkommen.

Um zu zeigen, wie man ein Instrument dieser Art prüft und manche Einzelheiten desselben untersucht, mag die Beschreibung eines Niveaus hier folgen, welches ich bei dem bereits erwähnten ausgedehnten Nivellement benutzte. Es gehörte keineswegs zu den größern Instrumenten, wurde vielmehr von den in neuerer Zeit angefertigten in Bezug auf seine Dimensionen weit übertroffen, doch war die Libelle hinreichend empfindlich und das Fernrohr, das nur fünfmalige Vergrößerung hatte, zeigte sehr scharfe und farblose Bilder, so wie auch alle Theile desselben mit Sorgfalt und Ueberlegung ausgeführt waren. Es war im Anfange dieses Jahrhunderts aus England bezogen.

Das Fernrohr, welches terrestrisch war, maß in der Länge 11¼ Zoll und in der Oeffnung des Objectiv-Glases nur 8 Linien. Zwischen dem Ocular und dem Collectiv-Glase, neben der Blendung, befand sich ein starker Ring, der durch vier kreuzweise einander gegenüberstehende Stellschrauben mit der Ocular-Röhre verbunden war. Die Köpfe dieser Schrauben waren versenkt, so daß sie die Bewegung der Röhre nicht hinderten, auch hatten die kegelförmigen Vertiefungen etwas größere Weiten, so daß die Verstellung des

Ringes möglich blieb. Vier Schrauben mit breiten Köpfen auf der einen Endfläche des Ringes dienten ursprünglich zur Befestigung der Silberfäden, die das Fadenkreuz bildeten.

Die Libelle, deren lichte Weite 6 Linien maß, war in der messingenen Fassung mittelst zweier Schrauben mit dem Fernrohr verbunden, und zwar so, daß sie über demselben lag. Die Oeffnung in der Fassung war $2\frac{1}{2}$ Zoll lang, während die Länge der Luftblase gewöhnlich $1\frac{3}{4}$ Zoll betrug.

Das Fernrohr mit der Libelle lag mittelst zweier broncenen Cylinder von 13 Linien Durchmesser auf zwei Y förmigen Trägern, die 6 Zoll von einander entfernt waren. Der eine derselben konnte durch eine Schraube gehoben und gesenkt werden. Diese Schraube zeigte zwar weder todten Gang, noch Mangel an Festigkeit, da jedoch ein doppelter Gang in sie eingeschnitten war, so hatte dieser eine ansehnliche Steigung und schon bei schwacher Drehung wurde die Luftblase der Libelle stark bewegt. Durch das oben erwähnte Zurückdrehen gelang es jedoch sehr bald, die Blase zum Einspielen zu bringen.

Die beiden erwähnten Träger standen auf einem starken Prisma von Messing, und an dieses war die Büchse befestigt, die sich auf dem etwas conischen Zapfen, der nahe 1 Zoll im Durchmesser hatte, drehte. Um letzteren vertical zu stellen, diente eine Nuß mit vier Stellschrauben.

Die Silberfäden im Fernrohre waren viel zu dick, als daß sie bei einer scharfen Messung hätten benutzt werden können. Statt derselben brachte ich daher Spinnenfäden an, die zwar sehr fein und sauber waren, aber weit geringere Haltbarkeit besaßen und daher zuweilen durch andere ersetzt werden mußten. Das Verfahren beim Einspannen neuer Fäden, wie dasselbe auch bei astronomischen Instrumenten angewendet wird, ist folgendes.

In einem Spinn-Gewebe, an dem nicht viel Staub haftet, und welches wo möglich erst vor Kurzem gesponnen ist, sucht man einen längeren feinen Faden aus. Einen gewöhnlichen Handzirkel öffnet man so weit, daß seine Spitzen sich etwa 3 Zoll von einander entfernen, und klebt auf jeden Schenkel in der Nähe der Spitze etwas weichen Wachs, am besten Baumwachs. Nunmehr hält man den Cirkel so, daß der Faden an einem Schenkel das Wachs berührt und drückt ihn mit dem Finger ein, alsdann befestigt man ihn in gleicher Weise an den andern Schenkel, um welchen man ihn auch durch Drehen des Cirkels mehrmals umschlingen kann. Nunmehr untersucht man den gelösten Theil des Fadens mittelst des ausgeschrobenen Ocular-Glases, und wenn er passend befunden wird, so kann man mit einem weichen Pinsel die daran etwa haftenden Stäubchen entfernen. Der Faden besitzt, wenn er frisch gesponnen ist, eine bedeutende Elasticität, man kann daher, um ihn scharf anzuspannen den Cirkel etwas weiter öffnen. Der Ring, an welchen der Faden befestigt werden soll, wird auf der ebenen Grundfläche vorher mit den nöthigen Marken versehn, damit über die richtige Lage der Fäden kein Zweifel ist. Man legt ihn auf ein Blättchen weifses Papier und darüber den Cirkel, so dafs die beiden Spitzen desselben auf beiden Seiten des Ringes sich befinden und der Faden auf der ebenen Fläche des letzteren liegt. Nunmehr untersucht man diese Lage mit der Loupe oder dem Ocular-Glase des Fernrohrs, und verschiebt den Cirkel so lange bis der Faden die Marken genau schneidet. Bei frischen Fäden darf man ein Zerreifsen derselben während dieser Operation nicht besorgen, und letzteres erfolgt bei einiger Vorsicht auch nicht, wenn man gezwungen ist, ältere anzuwenden. Endlich wird der Faden mittelst zweier Wachskügelchen, die man vorher durch Kneten weich gemacht hat, fest geklebt. In gleicher Weise wird auch der zweite normal auf den ersten gerichtet und befestigt. Das ganze Verfahren ist überaus leicht und einfach, und wenn man dabei die Loupe anwendet, so kann man auch schon durch diese ziemlich sicher erkennen, ob beide Fäden sich unter rechten Winkeln schneiden. Sollte aber ein Faden reifsen, so ist er leicht durch einen andern ersetzt.

Diese Fäden stellen sich besonders auf stark erleuchtetem Hintergrunde als scharf gezogene feine Linien dar, auf dunklem Laube sind sie weniger deutlich, doch ist mir nie der Fall vorgekommen, dafs ich aus diesem Grunde die Stationen hätte verkürzen müssen. Die scheinbare Dicke der Fäden entsprach einem Winkel von 8 Secunden, wie sich aus der Beobachtung besonderer Marken in weiten Entfernungen ergab.

Zur Beurtheilung des Standes der Luftblase waren an den Enden derselben auf jeder Seite in die Libelle zwei Striche eingerissen, die ½ Linie von einander entfernt waren. Sie begrenzten die Länge der Luftblase bei den verschiedenen Temperaturen. Hierdurch war die Gelegenheit geboten, die Empfindlichkeit der Libelle zu prüfen. Der eine Visirstab wurde in 30 Ruthen Entfernung vom

Instrumente aufgestellt, und während ich das eine Ende der Blase abwechselnd mit dem einen und dem andern Striche auf der Libelle in Berührung brachte, las ich die folgenden Höhen ab

1)	5' 11",9	2)	6' 0",2
3)	5' 11",9	4)	6' 0",1
5)	6' 0",0	6)	6' 0",1
7)	6' 0",0	8)	6' 0",2
9)	5' 11",9	10)	6' 0",1
Mittel	5' 11",94		6' 0",14

Wenn demnach die Lage der Blase sich um $\frac{1}{3}$ Linie verändert, so hebt sich die Visirlinie im Abstande von 30 Ruthen um 0,2 Zoll, oder im Winkel um $9\frac{1}{4}$ Secunden. Es ergiebt sich daraus der Krümmungs-Radius der Libelle gleich 50 Fuſs. Der Fehler beim Einstellen wird, wenn nicht vielleicht ein starker Wind das Instrument in Schwankung versetzt, nicht leicht dem halben Abstande jener beiden Striche gleich kommen, oder 5 Secunden betragen. Der wahrscheinliche Fehler der Messung war, wie nachstehend gezeigt werden wird, in der That bedeutend geringer.

§ 52.

Es ist schon erwähnt worden, wie sehr durch Anwendung beweglicher Tableaus die Sicherheit der ganzen Operation beeinträchtigt und die Einführung einer scharfen Controlle fast unmöglich gemacht wird. Diese Tableaus wurden daher von mir nicht benutzt und die Latte mit einer scharf markirten Eintheilung versehn, die unmittelbar durch das Fernrohr abgelesen werden konnte. Dabei muſsten aber an die Latten eiserne Schuhe befestigt werden, damit sie sich leicht in den Boden stoſsen lieſsen, und indem ein Drehen derselben alsdann nicht möglich war, so muſsten sie auch auf beiden Seiten übereinstimmend eingetheilt sein.

Die Latten aus recht geradefasrigem Kiefernholz geschnitten waren 10 Fuſs lang, $2\frac{1}{4}$ Zoll breit und $1\frac{1}{2}$ Zoll stark. Am untern Ende war jede mit einem pyramidal geformten eisernen Schuh versehn. Zwei solcher Latten wurden angefertigt und jede auf beiden Seiten übereinstimmend mit schwarzer Oelfarbe auf weiſsem Untergrunde bezeichnet. Beide waren jedesmal im Gebrauche, so daſs das Nivellement ganz sicher an die folgende Latte angeschlossen werden konnte, bevor die vorhergehende ausgezogen wurde.

Die Bezeichnung des Maaſses muſste jedenfalls ziemlich

einfach sein, um beim Ablesen Verwechselungen zu vermeiden. Aufserdem wäre es gewifs erwünscht gewesen, wenn feinere Theilungen hätten gewählt werden dürfen um etwa die einzelnen Zehntheile eines Zolles noch zu markiren. Letzteres mufste aber mit Rücksicht auf die Deutlichkeit unterbleiben, und es liefs sich auch ohne Nachtheil entbehren, indem diese Unterabtheilungen sehr sicher geschätzt werden konnten.

Gegen die Zuverlässigkeit solcher Schätzungen werden oft Zweifel erhoben. Dafs diese jedoch ungegründet sind, ergiebt sich am deutlichsten aus den astronomischen Beobachtungen. So wird die Zeit des Durchganges eines Sternes durch einen Faden im Mittagsfernrohre in Zehntheilen der Secunde notirt, während die Uhr nur ganze Secunden schlägt. Kleinere Intervalle darf sie auch nicht angeben, weil man dieselben doch nicht zählen könnte, und dadurch die Unsicherheit noch gröfser werden würde. Das Verfahren bei diesen Beobachtungen ist folgendes. Man merkt sich die Stelle, wo der Stern im Moment desjenigen Secundenschlages steht, der dem Durchgange durch den Faden vorangeht, und vergleicht diese Entfernung vom Faden mit derjenigen, die beim folgenden Secundenschlage auf der andern Seite sich bildet. Man theilt also einen Raum, dessen Begrenzung nur momentan und zwar nicht gleichzeitig gegeben ist, durch Schätzung in 10 Theile und bestimmt hierdurch das Maafs. Die Uebereinstimmung dieser Beobachtungen unter sich zeigt aber unverkennbar, dafs ein geübter Astronom dabei nicht um ein Zehntel Secunde irrt, wenn nur der Weg in der Secunde einige Ausdehnung hat, oder der Stern nicht zu nahe am Pole steht.

Die Anwendung eines ähnlichen Verfahrens auf den Fall, wo man dauernd die beiden Grenzen sieht und mit voller Mufse die Schätzung ausführen kann, ist daher ganz sicher. Man wird gewifs nie zweifelhaft sein, ob der Faden den dritten oder vierten Theil des Raumes abschneidet, und doch ist der Unterschied zwischen diesen beiden Gröfsen nur 0,083 also weniger, als ein Zehntel. Wenn nur die Einheit eine hinreichende Ausdehnung hat, deren Zehntheile sich noch erkennen lassen, so wird man diese mit einiger Uebung so sicher schätzen, dafs man nie einen Fehler von einem ganzen Zehntel begeht. Nur in dem Falle, wenn das Maafs nahe in die Mitte zwischen zwei Zehntel fällt, geschieht es leicht, dafs man bei wiederholten Ablesungen bald dieses bald jenes der beiden zunächst liegenden trifft, aber der Fehler ist alsdann geringer, als ein Zehntel.

Hiernach wählte ich die in nebenstehender Figur dargestellte Eintheilung. Die einzelnen Zolle bilden abwechselnd weiße und schwarze Rechtecke, so daß jeder Zoll, welcher einer geraden Zahl entspricht (2, 4, 6, 8, 10 und 12) durch ein schwarzes Viereck bezeichnet wird. Um das Zählen der Zolle aber zu erleichtern, befindet sich am obern Ende jedes sechsten Zolles ein schwarzer Kreis. Zur Unterscheidung der Fuße sind die betreffenden Zolle abwechsend an der linken und rechten Seite aufgetragen, so daß jeder Fuß, der einer geraden Zahl entspricht, auf der rechten Seite steht. Außerdem ist der 12te Zoll des vierten und des achten Fußes durch die ganze Breite der Fläche hindurchgezogen. Genau dieselbe Bezeichnung war auf der andern breiten Seite der Latte angebracht und zwar genau in gleicher Höhe, und eben so hatte ich auch die zweite Latte bezeichnet. Um aber die beiden Latten von einander zu unterscheiden und Verwechselungen zu vermeiden, wenn etwa irrthümlich zuerst das Fernrohr nach der vorderen Latte gerichtet werden sollte, so war auf der einen Latte und zwar auf beiden Seiten derselben der 12te Zoll des zehnten Fußes über die ganze Breite fort ausgezogen, und diese Marke wurde jedesmal vor das notirte Maaß vorgeschrieben.

An diese Bezeichnung hatte ich mich in kurzer Zeit so gewöhnt, daß im Ablesen der Fuße, wie der Zolle kein Irrthum jemals vorkam, der aus dem Controlliren sich sogleich hätte ergeben müssen. Eben so zeigten auch die Controllen, von denen im Folgenden die Rede sein wird, daß die Schätzungen durchaus zuverlässig waren und der wahrscheinliche Fehler derselben weniger als 0,1 Zoll betrug.

Bourdalouë hat, um die Schätzungen auf das geringste Maaß zurückzuführen, viel complicirtere Bezeichnungen gewählt, und zwar sehr verschiedene, die bei größerer oder kleinerer Entfernung

der Latten angewendet wurden. Für die geringsten Entfernungen konnten sogar einzelne Millimeter (0,038 Zoll) unmittelbar abgelesen werden. Die Benutzung verschiedener Visirlatten war indessen gewifs höchst unbequem, und man mufs bezweifeln, ob die dadurch erreichte Genauigkeit wirklich gröfser war, da doch die Ocular-Röhre nicht füglich verstellt werden durfte, ohne die Berichtigung der Libelle aufzuheben. Kommt noch dazu, dafs diese Latten nicht fest in den Boden eingestofsen, sondern nur lose aufgestellt und beim Zurückvisiren umgedreht wurden, so dürfte wohl die vorstehend beschriebene, überaus einfache Bezeichnungs-Art der Latten unbedingt den Vorzug vor der französischen verdienen.

§ 53.

Nachdem vorstehend sowohl das Instrument, als auch die Visirlatten, deren ich mich bediente, beschrieben sind, ist es noch nöthig das ganze Verfahren beim Nivelliren näher zu bezeichnen.

Wenn die Latte 35 Ruthen vom Instrumente entfernt war, erschienen die einzelnen Zolle noch als Quadrate mit scharfen Ecken, und der Fehler der Schätzung blieb unter 0,1 Zoll. In weiteren Abständen rundeten sich die Ecken ab, und die Schätzung war weniger genau. Hiernach bestimmte sich das Maafs der Entfernung, doch verminderte ich letztere noch etwas, um eine gröfsere Sicherheit zu erreichen.

Nach der mir gestellten Aufgabe sollte die Höhenlage des Terrains von 10 zu 10 Ruthen angegeben, und bei vorhandenen merklichen Seitengefällen auch die Querprofile gemessen werden. Hiernach mufste zunächst in gewöhnlicher Weise der Nivellementszug aufgenommen und die erforderlichen Pfählchen nach der Kette eingeschlagen werden. Eine wesentliche Abweichung von der üblichen Methode trat aber in sofern ein, als weder das Instrument noch die beiden beschriebenen Latten über diese Pfählchen gestellt, sondern die Stellen, wo sie standen, nur durch Abzählen von Schritten gegen die Pfähle normirt wurden, und das Haupt-Nivellement von letzteren ganz unabhängig war, auch zuweilen wenn etwa die Sonne bei niedrigem Stande gerade in die Linie traf, sich von derselben im Zickzack entfernte, wie bereits mitgetheilt ist.

Die Latten wurden an die jedesmal von mir bezeichneten Stellen so eingestofsen und gerichtet, dafs sie in den passenden und möglichst gleichen Entfernungen vom Instrumente sich befanden, und daſs von der vorderen aus auch das Nivellement bequem weiter fortgesetzt werden konnte. Endlich muſste auch jede Latte lothrecht stehn. Zu diesem Zwecke führte der Arbeiter ein Loth bei sich, und nach diesem prüfte ich jedesmal selbst die Stellung und zwar in zwei normalen Richtungen. War eine Latte in dieser Weise eingestellt, so muſste der Arbeiter sich sogleich davon entfernen, und Niemand durfte sie berühren oder sich ihr auch nur nähern, bis das Nivellement auf die folgende Latte vollständig übertragen war.

Das Niveau wurde jeden Morgen vor dem Beginne der Arbeit, wo möglich über stehendem Wasser, sonst aber zwischen den beiden Visirlatten, wie oben (§ 46) beschrieben, berichtigt. Dieses geschah auch während des Tages, wenn etwa eine zufällige Erschütterung vorgekommen war, die möglicher Weise eine Verstellung der Libelle veranlaſst haben konnte. Nach einer solchen Berichtigung durfte keiner der Gehülfen das Fernrohr mit der Libelle berühren oder es zugleich mit dem Stativ aufheben. Ich trug es jedesmal selbst frei in der Hand.

Sobald zu einer neuen Station übergegangen werden sollte, schickte ich einen Arbeiter zurück, um die hintere Visirlatte auszuziehn und herzubringen. Ich hob das Fernrohr ab, das Stativ nebst einer dritten leichteren Visirlatte und den ganzen übrigen Apparat trugen zwei Arbeiter und wir gingen alle zusammen bei der vordern Visirlatte vorbei, wobei immer und namentlich bei neuen Arbeitern sehr groſse Aufmerksamkeit nöthig war, die Leute von dieser Latte entfernt zu halten. Namentlich war dieses erforderlich, wenn die Arbeiter in andern Verhältnissen an Scheindienste gewöhnt waren. Sie wollten alsdann immer den lothrechten Stand der Latte prüfen und denselben berichtigen. Nach Maaſsgabe der vorher eingeschlagenen Pfählchen lieſs sich leicht der Punkt bestimmen, auf den das Instrument zu stellen war, doch vermied ich stets, es unmittelbar über eines der Pfählchen zu bringen. Das Stativ wurde hier aufgerichtet, die Füſse gehörig fest in den Boden eingedrückt, und das Fernrohr darauf gelegt. Nunmehr ging ich mit dem Manne, der die zweite Latte trug, bis zu dem Punkte, wo diese stehn sollte. Er stieſs sie fest in den Boden und richtete sie nach dem Lothe. Nachdem ich mich überzeugt, daſs dieses mit hinreichender Schärfe geschehn, auch die Eintheilung sowohl rückwärts, als vorwärts deutlich gesehn werden konnte, gingen wir zurück.

Hierauf wurde die Stellung des Instrumentes berichtigt und mittelst der vier Schrauben neben der Nuſs die vertikale Achse loth-recht gerichtet, wobei die Libelle zur Norm diente. Wenn hierbei auch keineswegs eine groſse Genauigkeit erforderlich war, so muſsten doch merkliche Abweichungen vermieden werden, weil sonst bei dem Umdrehen desjenigen Theiles der auf dieser Achse ruhte, die Höhe des Fernrohrs beim Vor- und Rückwärts - Visiren nicht die-selbe geblieben wäre, indem jedesmal durch Heben oder Senken des einen Lagers die Libelle zum Einspielen gebracht wurde. War die-ses geschehn, so wurden mit möglichster Sorgfalt an der hintern und vorderen Latte die Maaſse abgelesen und notirt, dabei aber auch jedesmal die Latte bezeichnet, auf der die Ablesung geschah.

Alsdann ging der Arbeiter, der eine dritte Latte trug, zu den verschiedenen auf diese Station treffenden Pfählchen und stellte sie an dieselben. Diese Latte war in gleicher Weise, wie die andern, jedoch nur auf einer Seite bezeichnet, auch hatte sie keine Spitze, und war nur unten mit Blech beschlagen. Ihre Länge betrug 12 Fuſs, ihre Breite $1\frac{1}{4}$ Zoll und ihre Stärke $\frac{3}{4}$ Zoll. Sie wurde neben jedem Pfählchen auf den Boden gestellt, und mit dem Fernrohr las ich an ihr das Maaſs ab. In gleicher Weise wurden auch die Querpro-file, die Deiche, Brücken und andre Gegenstände und wenn es nöthig schien auch sonstige Erhebungen oder Senkungen des Terrains in der Nähe gemessen. Groſse Genauigkeit war dabei ganz entbehrlich, da man die Terrain - Höhen doch nicht bis auf 1 Zoll sicher zu mes-sen braucht, und die hierbei vorkommenden Fehler keinen Einfluſs auf das Haupt-Nivellement haben.

Nur der Wasserstand in dem Bache daneben, dessen Cana-lisirung in Aussicht genommen war, muſste mit groſser Schärfe ge-messen werden. Zu diesem Zwecke wurde diese dritte Stange in das Wasser fest eingestoſsen und nach dem Lothe gerichtet. Nach-dem ich daran das Maaſs durch das Fernrohr abgelesen hatte, las ich noch das Maaſs in der Höhe des Wasserspiegels ab. Dieser Bach trieb indessen mehrere Mühlen und sein Niveau war überaus veränderlich. Um daher auſser diesen zufälligen Wasserständen, die sehr verschieden waren, noch ein etwas sichereres Urtheil über die Anschwellungen beim kräftigen Betriebe der Mühlen zu gewinnen, wurden schon Tages vorher, während die Festpunkte eingerichtet wurden, an welche sich das Nivellement anschloſs, ohnfern eines je-den solchen ein höherer Pfahl am Rande des Baches eingetrieben, und derselbe etwa 1 Fuſs hoch über Wasser mit zähem Thon be-strichen. So hoch das Wasser in der Zwischenzeit gestiegen war, wurde der letztere abgespült, und man konnte daher durch das Nivellement etwa bis auf eine Linie genau die gröfste Höhe der vorangegangenen Anschwellung feststellen.

Um sogleich die Ueberzeugung zu gewinnen dafs in dem Haupt-Nivellement kein Fehler begangen sei, drückte ich hierauf die Füfse des Stativs etwas tiefer in den Boden ein, richtete aufs Neue die vertikale Achse und visirte nochmals gegen die beiden Hauptlatten. Ich erhielt dabei andre Maafse als das erste mal, und berechnete sogleich aus jenen, wie aus diesen, die Höhendifferenzen. Stimmten diese bis auf 0,1 Zoll mit einander überein, so wurde zur nächsten Station übergegangen, im entgegengesetzten Falle aber unter veränderter Aufstellung des Instrumentes die Operation nochmals wiederholt. Letzteres war jedoch nur sehr selten erforderlich.

Die so eben erwähnten Festpunkte wurden in Entfernungen von einer Viertel-Meile ausgesucht oder eingerichtet, und nur wenn es sich um Verbindungs-Nivellements handelt, wobei also die Höhenlage des Terrains nicht in Betracht kam, wurden weitere Entfernungen, zuweilen sogar von einer halben Meile gewählt. Scharf markirte Plinthen massiver Gebäude, Fachbäume, Merkpfähle an Mühlen und andre Gegenstände dienten als Festpunkte, doch meist sah ich mich gezwungen, daneben noch andere Bezeichnungen anzubringen, die wenn sie auch nicht dauernd erhalten werden konnten, doch einen schärferen Anschlufs des Nivellements gestatteten und namentlich für die folgende Controlle nothwendig waren. Sie bestanden in starken Nägeln oder Bolzen von 5 Zoll Länge, die mit cylindrischen Köpfen von $\frac{1}{2}$ Zoll Durchmesser und Höhe versehn waren. Diese Höhe war nothwendig, damit die Köpfe noch in das Holz eingetrieben, und alsdann nicht mehr mit einer Zange gefafst werden konnten. Zwei kreuzweise eingefeilte feine Rinnen markirten ihren Mittelpunkt. Sie wurden jedesmal so eingeschlagen, dafs eine der beiden Hauptlatten unmittelbar daneben eingestellt und gerichtet werden konnte. Durch Verlängerung der Theilstriche der Latte mittelst eines darüber gelegten kleinen Lineals liefs sich alsdann die Höhe des Festpunktes sehr sicher bestimmen.

Endlich wurde die ganze Linie zwischen je zwei Festpunkten wieder zurück nivellirt. Das Instrument, wie die beiden Hauptlatten, die dabei allein benutzt wurden, nehmen auf jeder Station andere Höhen ein, woher alle Maafse verschieden waren und die Vergleichung mit der frühern Messung erst schliefslich angestellt werden konnte. Bei Aufstellung des Instrumentes und der Latten wurde dieselbe Vorsicht und Sorgfalt angewendet, wie das erste Mal, aber die sämmtlichen Neben-Messungen unterblieben. Welche Uebereinstimmung dadurch erreicht wurde, wird nachstehend mitgetheilt werden.

§ 54.

Es ergiebt sich aus vorstehender Beschreibung der Meſsapparate und der Benutzung derselben, daſs viele der gewöhnlichen Veranlassungen zu Fehlern dabei ganz vermieden, oder Letztere auf sehr nahe liegende Grenzen zurückgeführt wurden. Nach der gewählten Berichtigungs-Methode und der vorsichtigen Behandlung des berichtigten Instrumentes war eine falsche Einstellung des Niveaus nicht zu besorgen, und ich durfte daher, wenn die Umstände dieses erforderten, auch in ungleichen Entfernungen visiren, was jedoch im Allgemeinen immer vermieden ist, und wobei für bedeutende Ungleichheiten die nöthigen Correctionen berechnet werden muſsten. Die Fehler beim Richten der Tableaus, beim Festhalten derselben bis zur Ablesung und beim Aufstellen und Umdrehn der Visirlatten fielen ganz fort. Es blieben in der That nur die **Fehler** übrig, die **beim Einspielen der Luftblase** und **beim Ablesen der Maaſse** begangen werden. Um diese zu ermitteln, und um zugleich zu erfahren wie groſs dieselben bei verschiedenen Entfernungen der Visirlatte sind, machte ich vor dem Beginne der Arbeit bei ruhiger Witterung und günstiger Beleuchtung die folgenden Versuche. Vor jeder einzelnen Messung wurde aber die Libelle verstellt und darauf wieder die Blase zum Einspielen gebracht.

Die Resultate waren die nachstehenden. Die erste Columne giebt die abgelesenen Höhen an, wobei jedoch die Fuſse nicht berücksichtigt sind, die zweite die Abweichungen derselben vom Mittel und die dritte die Quadrate der letzteren.

I. Im Abstande von 5 Ruthen. Das Bild war sehr undeutlich.

10″,85	+ 0,01	0,0001
10″,85	+ 0,01	0,0001
10″,8	− 0,04	0,0016
10″,8	− 0,04	0,0016
10″,9	+ 0,06	0,0036
Mittel 10″,84		Summe 0,0070

Für die in § 22 gewählte Bezeichnung ist

$$xx = 0,0070$$
$$m = 5$$

daher der wahrscheinliche Beobachtungsfehler

$$w = 0,6745 \ \sqrt{\frac{0,0070}{4}}$$
$$= 0,0282 \ \text{Zoll}$$

oder im Winkel 8,09 Secunden.

II. Im Abstande von 10 Ruthen. Das Bild war wegen der zu grofsen Nähe noch nicht deutlich.

5″,05	+ 0,06	0,0036
5″,0	+ 0,01	0,0001
5″,0	+ 0,01	0,0001
4″,95	− 0,04	0,0016
4″,95	− 0,04	0,0016
4″,99		0,0070

der wahrscheinliche Fehler ergiebt sich hieraus

$$w = 0,0282 \ \text{Zoll}$$

oder

$$= 4,04 \ \text{Secunden}$$

III. Im Abstande von 20 Ruthen

2″,6	− 0,06	0,0036
2″,7	+ 0,04	0,0016
2″,7	+ 0,04	0,0016
2″,7	+ 0,04	0,0016
2″,6	− 0,06	0,0036
2″,66		$xx = 0,0120$

hieraus folgt

$$w = 0,0370 \ \text{Zoll}$$

oder

$$= 2,65 \ \text{Secunden}$$

IV. Im Abstande von 30 Ruthen

11″,7	− 0,03	0,0009
11″,8	+ 0,07	0,0049
11″,8	+ 0,07	0,0049
11″,7	− 0,03	0,0009
11″,7	− 0,03	0,0009
11″,7	− 0,03	0,0009
11″,73		$xx = 0,0134$

Indem in diesem Falle sechs Beobachtungen gemacht sind, also
$m = 6$, ergiebt sich

$$w = 0{,}0345 \text{ Zoll}$$

oder im Winkel

$$= 1{,}66 \text{ Secunden}$$

V. Im Abstande von 35 Ruthen

0″,2	− 0,10	0,01
0″,3	0,00	0,00
0″,3	0,00	0,00
0″,2	− 0,10	0,01
0″,4	+ 0,10	0,01
0″,4	+ 0,10	0,01
0″,3	0,00	0,00
0″,30		$xx = 0{,}04$

$$w = 0{,}0551 \text{ Zoll}$$

oder

$$= 2{,}25 \text{ Secunden}$$

VI. Im Abstande von 40 Ruthen

4″,8	− 0,12	0,0144
4″,9	− 0,02	0,0004
5″,0	+ 0,08	0,0064
4″,9	− 0,02	0,0004
5″,0	+ 0,08	0,0064
5″,1	+ 0,18	0,0324
4″,9	− 0,02	0,0004
4″,8	− 0,12	0,0144
4″,92		$xx = 0{,}0752$

hieraus folgt

$$w = 0{,}0699 \text{ Zoll}$$

im Winkel

$$= 2{,}50 \text{ Secunden}$$

VII. Im Abstande von 50 Ruthen

4″,0	− 0,04	0,0016
4″,3	+ 0,26	0,0676
4″,1	+ 0,06	0,0036
3″,8	− 0,24	0,0576
4″,2	+ 0,16	0,0256
4″,0	− 0,04	0,0016
4″,1	+ 0,06	0,0036
3″,8	− 0,24	0,0576
4″,2	+ 0,16	0,0256
3″,9	− 0,14	0,0196
4″,04		$xx = 0{,}2640$

$$w = 0,1155 \text{ Zoll}$$

oder

$$= 3,31 \text{ Secunden}$$

VIII. Im Abstande von 60 Ruthen

10″,3	+ 0,21	0,0441
10″,0	— 0,09	0,0081
9″,8	— 0,29	0,0841
10″,1	+ 0,01	0,0001
9″,6	— 0,49	0,2401
10″,4	+ 0,31	0,0961
10″,4	+ 0,31	0,0961
10″,09		$xx = 0,5687$

also

$$w = 0,2077 \text{ Zoll}$$

oder

$$= 4,96 \text{ Secunden}$$

Aus diesen Versuchen geht hervor, daſs in Abständen von etwa 30 Ruthen der Fehler im Winkel am geringsten ist. In geringeren Entfernungen wird er gröſser, weil man durch bloſse Schätzung den Zoll nicht füglich weiter, als in 20 Theile eintheilen kann. Ueberdies ist das Bild nicht deutlich, da man die Ocularröhre nicht verstellen darf, ohne die Berichtigung der Libelle aufzuheben. In groſsen Abständen nimmt der Fehler gleichfalls zu, da der einzelne Zoll zu klein wird, er auch die scharfen Ecken verliert, und daher die Schätzung der Zehntheile sehr schwierig ist. Selbst die Abzählung der Zolle wird mühsam und erfordert einen viel gröſseren Zeit-Aufwand. Im Abstande von 60 Ruthen war es sogar schwierig, die einzelnen Zolle sicher zu erkennen.

Es darf kaum erwähnt werden, daſs die vorstehende Untersuchung und die daraus gezogenen Resultate keineswegs allgemeine Gültigkeit haben, daſs sie vielmehr nur darüber Aufschluſs geben sollten, in welcher Weise ich jenes Instrument am passendsten zu gebrauchen hätte. Es ergab sich, daſs Abstände von 30 bis 35 Ruthen zu wählen wären, weil diese den kleinsten Fehler im Winkel ergaben, und die Ablesung des Maaſses dabei noch leicht und sicher erfolgen konnte. Die wahrscheinlichen Fehler waren

bei 30 Ruthen gleich 0,0345 Zoll

bei 35 Ruthen gleich 0,0551 Zoll

also bei dem Abstande von $33\frac{1}{3}$ Ruthen, der durchschnittlich gewählt wurde, 0,048 Zoll. Dieses giebt auf 100 Ruthen

$$w = 0,048 \cdot \sqrt{3} = 0,0831 \text{ Zoll}$$

Indem ich das Haupt-Nivellement mit dem rückwärts ausgeführten Controlle-Nivellement verglich, hatte ich Gelegenheit die Größe der vorgekommenen Fehler noch sicherer kennen zu lernen.

Die erste Strecke des projectirten Canales war 2740 Ruthen lang, sie zerfiel in fünf nahe gleich große Abtheilungen, deren Grenzen durch die beschriebenen Nagelköpfe markirt waren. Jede Abtheilung war daher ungefähr 550 Ruthen lang, und das Haupt-Nivellement in derselben mit Einschluß der Controlle umfaßte 1100 Ruthen. Die Differenzen zwischen beiden in jeder von diesen Längen betrugen für die fünf Abtheilungen

0,4   0,0   0,1   0,3 und 0,4 Zoll

durchschnittlich also 0,24 Zoll. Es rechtfertigt sich indessen wohl, den größeren Fehlern eine höhere Bedeutung beizulegen, also die Fehlerquadrate zu berücksichtigen. Das mittlere Fehlerquadrat ist 0,084 woher der Fehler 0,29 Zoll.

Dieser Fehler war durchschnittlich beim Nivelliren einer 1100 Ruthen langen Strecke begangen worden, er muß daher für diese Länge als der wahrscheinliche angesehn werden. Hieraus ergiebt sich der wahrscheinliche Fehler für eine 11 mal kleinere Länge oder auf 100 Ruthen

$$w = \frac{0{,}29}{\sqrt{11}} = 0{,}087 \text{ Zoll}$$

also um ein Geringes größer als jene Versuche ergeben hatten. Hieraus lassen sich leicht die wahrscheinlichen Fehler für größere Längen berechnen, nämlich

auf ¼ Meile	0,20 Zoll
auf ½ Meile	0,28 Zoll
auf 1 Meile	0,39 Zoll
auf 2 Meilen	0,55 Zoll
auf 5 Meilen	0,87 Zoll
auf 10 Meilen	1,24 Zoll

Nach dem Preußischen Feldmesser-Reglement vom 1 Decbr. 1857, worin die zulässigen Fehler für verschiedene Längen der Nivellements-Züge den Regeln der Wahrscheinlichkeits-Rechnung entsprechend angegeben sind, ist auf 100 Ruthen Länge ein Fehler von 0,671 Zoll noch gestattet. Derselbe ist also 7,7 mal so groß, als jener wahrscheinliche Fehler, und ich konnte daher (§ 26) 1 gegen 1 wetten, daß unter einer Million solcher Nivellements der Fehler nur einmal diese Grenze erreichen wird. Die Sicherheit war daher nach gewöhnlichen Begriffen als eine absolute anzusehn.

Bei ungünstiger Witterung wurden indessen die Fehler viel bedeutender. So lange die Abweichungen auf die Länge einer Viertel Meile bei der Controlle sich noch unter 9 Linien herausstellten, ließ ich die Resultate gelten, indem die möglichste Beschleunigung geboten war, doch kamen nicht selten Abweichungen von 1 Zoll, und einmal sogar bei sehr stürmischer Witterung von 1,7 Zoll vor. In diesen Fällen mußte die Messung unter günstigeren Umständen wiederholt werden.

Schließlich sollte noch die Höhenlage verschiedener weit ausgedehnter Seen ermittelt werden und zu diesem Zwecke führte ich das Nivellement das mit Einschluß der Wasserflächen etwa 20 Meilen lang war, wieder auf den Punkt zurück, von dem ich ausgegangen war. Die Witterung blieb während dieser Zeit überaus günstig und so ruhig, daß ich keinen Anstand nahm die Wasserflächen als horizontal anzusehn. Das Resultat war, daß ich bis auf 0,9 Zoll wieder in den Horizont des Anfangs-Punktes zurückkam.

§ 55.

Der Vollständigkeit wegen muß mit wenig Worten noch der sogenannten trigonometrischen Nivellements gedacht werden, die man vielfach als besonders genau empfohlen hat. Sie unterscheiden sich von den beschriebenen theils durch die viel größere Länge der Stationen und theils dadurch daß man nicht im Horizont visirt, sondern die Höhenwinkel mißt. An jedem Endpunkte der Station wird ein Universal-Instrumennt aufgestellt. Beide richtet man gleichzeitig gegen einander und mißt die Zenith-Distanzen. Die Complemente beider sind die Elevations- oder Depressions-Winkel gegen den Horizont, und letztere müßten gleich groß sein, wenn keine Strahlenbrechung statt fände. Die halbe Differenz beider vom Zenith gemessenen Winkel giebt aber die wahre Elevation oder Depression an, indem die Strahlenbrechung unter der sehr wahrscheinlichen Voraussetzung, daß der Lichtstrahl in der Vertikal-Ebene einen Kreisbogen beschreibt, bei dieser Verbindung verschwindet. Gewiß ist dieses Verfahren sehr passend, wenn lange Stationen gewählt werden müssen, weil die Strahlenbrechung sehr variabel und von der Temperatur, wie vom Feuchtigkeits-Zustande der Luft abhängig ist und oft in wenig Stunden sich bedeutend ändert. Na-

mentlich bemerkt man dieses vor meilenweit ausgedehnten Wasserflächen, wo die dahinter liegenden Thürme zuweilen im Horizonte
verschwinden und zuweilen über denselben weit vortreten.

Vergleicht man indessen dieses trigonometrische Nivellement
mit dem beschriebenen, so ist der erwähnte Vortheil von wenig Bedeutung, weil man bei dem letzteren durch die geringe Länge der
Stationen und die möglichst gleichen Entfernungen im Vor- und
Zurückvisiren sich schon dem Einfluſs der Strahlenbrechung beinahe
ganz entzieht, auch die hierdurch vielleicht noch eingeführten kleinen
Fehler sich groſsentheils aufheben oder in Rechnung gestellt werden können. Dazu kommt noch daſs man beim gewöhnlichen Nivellement vorzugsweise nur im Einstellen der Libelle fehlt, bei
dem trigonometrischen aber in gleichem Maaſse auch im Ablesen
der Winkel. Jedenfalls sind dabei gröſsere und genaue Instrumente
erforderlich, welche gestatten, die Winkel eben so scharf zu messen,
wie die Libelle sich einstellen läſst. Hierdurch wird eine sehr sichere
Aufstellung der Instrumente geboten und vielfache Vorbereitungen
zur Messung so wie auch die geodätische Festlegung der Stations-
Punkte sind erforderlich, woher die ganze Operation ohnerachtet der
geringeren Anzahl der Stationen doch einen gröſseren Zeitaufwand
in Anspruch nimmt. Der Vortheil beim gewöhnlichen Nivellement,
daſs man nämlich zugleich die Höhenlage des ganzen Zuges erhält,
verschwindet hierbei. Endlich aber ist derselbe Fehler in dem Höhenwinkel bei der langen Station nachtheiliger, als in der kurzen,
weil die Anzahl der letzteren gröſser ist, man also ein gegenseitiges
Aufheben der Fehler mit mehr Wahrscheinlichkeit erwarten darf.
Dem letzten Uebelstande sucht man zwar dadurch zu begegnen, daſs
man jene Zenithwinkel sehr vielfach miſst, da dieses aber unmittelbar hinter einander geschehn muſs, so bietet es nicht die Sicherheit,
welche man durch eben so viele partielle Messungen erreichen würde.

Aus diesen Gründen empfiehlt es sich wohl nicht, ein trigonometrisches Nivellement zu wählen, wenn nicht wegen Unzugänglich-
keit des Terrains vom gewöhnlichen Verfahren Abstand genommen
werden muſs. Wenn diese Ansicht auch gegenwärtig allgemein Eingang gefunden hat, so ist dennoch in den Jahren 1839 und 1840
ein trigonometrisches Nivellement längs der Oder von Oderberg unterhalb Küstrin bis zur Oesterreichischen Grenze zur Ausführung
gekommen. Für dasselbe wurden die erforderlichen Instrumente
von namhaften Künstlern beschafft, auch die Operation nicht übereilt,
vielmehr zwei Sommer darauf verwendet, und die ganze Ausführung

erfolgte mit Sachkenntnifs und Geschicklichkeit, die Resultate lassen indessen keineswegs irgend welche Vorzüge vor andern sorgfältigen Nivellements erkennen*).

Das Hauptnivellement umfafste nahe 80 Meilen. Die Stationen sollten ungefähr 2 Meilen lang sein, sehr häufig mufsten sie jedoch viel kürzer, zuweilen aber auch bedeutend länger gewählt werden. Die Anzahl der gleichzeitig von beiden Instrumenten jedesmal anzu- stellenden Messungen oder Repetitionen wurde auf vierzig festgesetzt. Aus den Unterschieden dieser einzelnen Messungen gegen das arith- metische Mittel wurden die wahrscheinlichen Fehler berechnet. Da- bei ist freilich ein kleines Versehn vorgekommen, indem das arith- metische Mittel als der wahre Werth, und die Abweichungen von demselben als die wirklichen Fehler angesehn wurden. Wenn man indessen die in solcher Weise berechneten Fehler, die also etwas zu klein sind, zum Grunde legt, so ergeben sich dieselben für die Stationen von verschiedenen Längen in folgenden mittleren Werthen. Dabei sind die sehr kurzen Stationen von weniger als 750 Ruthen Länge unbeachtet geblieben, die Stationen von 750 bis 1250 Ruthen sind als eine halbe Meile, von 1250 bis 1750 als drei Viertel Meilen lang und so fort berechnet.

Anzahl der Stationen	Länge	wahrsch. Fehler in Zollen
10	$\frac{1}{2}$ Meile	0,69
7	$\frac{3}{4}$ -	1,11
5	1 -	3,43
4	$1\frac{1}{4}$ -	3,11
7	$1\frac{1}{2}$ -	2,75
5	$1\frac{3}{4}$ -	3,47
7	2 -	4,03
6	$2\frac{1}{4}$ -	3,96
4	$2\frac{1}{2}$ -	3,84
2	$2\frac{3}{4}$ -	4,32
1	3 -	12,66
1	$3\frac{1}{4}$ -	9,55
2	$3\frac{1}{2}$ -	11,76

Um aus diesen verschiedenen Werthen der wahrscheinlichen Fehler auf die Sicherheit der Messung zu schliefsen, machte ich die Voraussetzung dafs die wahrscheinlichen Fehler w einer gewissen,

*) Trigonometrisches Nivellement der Oder von Oderberg unterhalb Küstrin bis zur Oesterreichischen Grenze von Hoffmann und Salzenberg. Berlin 1841.

noch unbekannten Potenz der Längen der Stationen *l* proportional
seien. Also

$$w = r \cdot l^x$$

Nach der Methode der kleinsten Quadrate fand ich

$$r = 1{,}886$$

und

$$x = 1{,}433$$

daher

$$w = 1{,}886 \cdot l^{1,433}$$

Indem die berechneten Werthe von *w* höchst unregelmäfsig fallen,
so läfst sich über die wahre Gröfse von *x* nicht mit Sicherheit urtheilen. Dennoch erscheint das gefundene Resultat einigermafsen
begründet. Eine Ausgleichung der Fehler der Winkel findet hier
nicht statt, wie solche beim gewöhnlichen Nivellement eintritt, weil
die Anzahl der Repetitionen bei längeren und kürzeren Stationen
ungefähr dieselbe geblieben ist. Der Fehler in der Höhen-Differenz
ist daher der Länge der Station proportional. Dagegen nimmt in
gröfserer Entfernung die Deutlichkeit ab, auch trifft vielleicht die
Voraussetzung in Betreff der Strahlenbrechung weniger zu, woher
der Exponent *x* gröfser als 1 wird. Hiernach empfiehlt es sich gewifs nicht, sehr lange Stationen zu wählen.

Unter Zugrundelegung des vorstehenden Ausdrucks sind die
wahrscheinlichen Fehler auf die Entfernung

von $\frac{1}{2}$ Meile	0,70 Zoll
- 1 Meile	1,89 -
- 2 Meilen	5,09 -

also namentlich bei gröfsern Längen viel bedeutender, als bei Nivellements, die nur mit der Libelle und Fernrohr unter Beobachtung
der nöthigen Vorsichts-Maafsregeln ausgeführt werden. Dabei ist
aber nicht aufser Acht zu lassen, dafs die angegebenen wahrscheinlichen Fehler nicht durch eine vollständige, und von der ersten
Messung unabhängige Controle ermittelt sind, sondern nur durch
vielfache Wiederholung bei derselben Aufstellung des Instrumentes,
wobei leicht die einzelnen Ablesungen in gröfserer Uebereinstimmung
gefunden werden, als sie in einer neuen Messung unter andern äufsern
Umständen sein würden.

Anhang.

Anhang A (zu § 18).

Quadrat-Tabelle.

0,00	0,0000	1	0,40	0,1600	81	0,80	0,6400	161	1,20	1,4400	241
01	0001	3	41	1681	83	81	6561	163	21	4641	243
02	0004	5	42	1764	85	82	6724	165	22	4884	245
03	0009	7	43	1849	87	83	6889	167	23	5129	247
04	0016	9	44	1936	89	84	7056	169	24	5376	249
0,05	0,0025	11	0,45	0,2025	91	0,85	0,7225	171	1,25	1,5625	251
06	0036	13	46	2116	93	86	7396	173	26	5876	253
07	0049	15	47	2209	95	87	7569	175	27	6129	255
08	0064	17	48	2304	97	88	7744	177	28	6384	257
09	0081	19	49	2401	99	89	7921	179	29	6641	259
0,10	0,0100	21	0,50	0,2500	101	0,90	0,8100	181	1,30	1,6900	261
11	0121	23	51	2601	103	91	8281	183	31	7161	263
12	0144	25	52	2704	105	92	8464	185	32	7424	265
13	0169	27	53	2809	107	93	8649	187	33	7689	267
14	0196	29	54	2916	109	94	8836	189	34	7956	269
0,15	0,0225	31	0,55	0,3025	111	0,95	0,9025	191	1,35	1,8225	271
16	0256	33	56	3136	113	96	9216	193	36	8496	273
17	0289	35	57	3249	115	97	9409	195	37	8769	275
18	0324	37	58	3364	117	98	9604	197	38	9044	277
19	0361	39	59	3481	119	99	9801	199	39	9321	279
0,20	0,0400	41	0,60	0,3600	121	1,00	1,0000	201	1,40	1,9600	281
21	0441	43	61	3721	123	01	0201	203	41	9881	283
22	0484	45	62	3844	125	02	0404	205	42	2,0164	285
23	0529	47	63	3969	127	03	0609	207	43	0449	287
24	0576	49	64	4096	129	04	0816	209	44	0736	289
0,25	0,0625	51	0,65	0,4225	131	1,05	1,1025	211	1,45	2,1025	291
26	0676	53	66	4356	133	06	1236	213	46	1316	293
27	0729	55	67	4489	135	07	1449	215	47	1609	295
28	0784	57	68	4624	137	08	1664	217	48	1904	297
29	0841	59	69	4761	139	09	1881	219	49	2201	299
0,30	0,0900	61	0,70	0,4900	141	1,10	1,2100	221	1,50	2,2500	301
31	0961	63	71	5041	143	11	2321	223	51	2801	303
32	1024	65	72	5184	145	12	2544	225	52	3104	305
33	1089	67	73	5329	147	13	2769	227	53	3409	307
34	1156	69	74	5476	149	14	2996	229	54	3716	309
0,35	0,1225	71	0,75	0,5625	151	1,15	1,3225	231	1,55	2,4025	311
36	1296	73	76	5776	153	16	3456	233	56	4336	313
37	1369	75	77	5929	155	17	3689	235	57	4649	315
38	1444	77	78	6084	157	18	3924	237	58	4964	317
39	1521	79	79	6241	159	19	4161	239	59	5281	319
0,40	0,1600		0,80	0,6400		1,20	1,4400		1,60	2,5600	

A. Quadrat-Tabelle. (Fortsetzung.)

1,60	2,5600	321	2,00	4,0000	401	2,40	5,7600	481	2,80	7,8400	561
61	5921	323	01	0401	403	41	8081	483	81	8961	563
62	6244	325	02	0804	405	42	8564	485	82	9524	565
63	6569	327	03	1209	407	43	9049	487	83	8,0089	567
64	6896	329	04	1616	409	44	9536	489	84	0656	569
1,65	2,7225	331	2,05	4,2025	411	2,45	6,0025	491	2,85	8,1225	571
66	7556	333	06	2436	413	46	0516	493	86	1796	573
67	7889	335	07	2849	415	47	1009	495	87	2369	575
68	8224	337	08	3264	417	48	1504	497	88	2944	577
69	8561	339	09	3681	419	49	2001	499	89	3521	579
1,70	2,8900	341	2,10	4,4100	421	2,50	6,2500	501	2,90	8,4100	581
71	9241	343	11	4521	423	51	3001	503	91	4681	583
72	9584	345	12	4944	425	52	3504	505	92	5264	585
73	9929	347	13	5369	427	53	4009	507	93	5849	587
74	3,0276	349	14	5796	429	54	4516	509	94	6436	589
1,75	3,0625	351	2,15	4,6225	431	2,55	6,5025	511	2,95	8,7025	591
76	0976	353	16	6656	433	56	5536	513	96	7616	593
77	1329	355	17	7089	435	57	6049	515	97	8209	595
78	1684	357	18	7524	437	58	6564	517	98	8804	597
79	2041	359	19	7961	439	59	7081	519	99	9401	599
1,80	3,2400	361	2,20	4,8400	441	2,60	6,7600	521	3,00	9,0000	601
81	2761	363	21	8841	443	61	8121	523	01	0601	603
82	3124	365	22	9284	445	62	8644	525	02	1204	605
83	3489	367	23	9729	447	63	9169	527	03	1809	607
84	3856	369	24	5,0176	449	64	9696	529	04	2416	609
1,85	3,4225	371	2,25	5,0625	451	2,65	7,0225	531	3,05	9,3025	611
86	4596	373	26	1076	453	66	0756	533	06	3636	613
87	4969	375	27	1529	455	67	1289	535	07	4249	615
88	5344	377	28	1984	457	68	1824	537	08	4864	617
89	5721	379	29	2441	459	69	2361	539	09	5481	619
1,90	3,6100	381	2,30	5,2900	461	2,70	7,2900	541	3,10	9,6100	621
91	6481	383	31	3361	463	71	3441	543	11	6721	623
92	6864	385	32	3824	465	72	3984	545	12	7344	625
93	7249	387	33	4289	467	73	4529	547	13	7969	627
94	7636	389	34	4756	469	74	5076	549	14	8596	629
1,95	3,8025	391	2,35	5,5225	471	2,75	7,5625	551	3,15	9,9225	631
96	8416	393	36	5696	473	76	6176	553	16	9856	633
97	8809	395	37	6169	475	77	6729	555	17	10,0489	635
98	9204	397	38	6644	477	78	7284	557	18	1124	637
99	9601	399	39	7121	479	79	7841	559	19	1761	639
2,00	4,0000		2,40	5,7600		2,80	7,8400		3,20	10,2400	

A. Quadrat-Tabelle. (Fortsetzung.)

3,20	10,240	64	3,60	12,960	72	4,00	16,000	80	4,40	19,360	88
21	304	64	61	13,032	72	01	080	80	41	448	88
22	368	65	62	104	73	02	160	81	42	536	89
23	433	65	63	177	73	03	241	81	43	625	89
24	498	65	64	250	73	04	322	81	44	714	89
3,25	10,563	65	3,65	13,323	73	4,05	16,403	81	4,45	19,803	89
26	628	65	66	396	73	06	484	81	46	892	89
27	693	65	67	469	73	07	565	81	47	981	89
28	758	66	68	542	74	08	646	82	48	20,070	90
29	824	66	69	616	74	09	728	82	49	160	90
3,30	10,890	66	3,70	13,690	74	4,10	16,810	82	4,50	20,250	90
31	956	66	71	764	74	11	892	82	51	340	90
32	11,022	67	72	838	75	12	974	83	52	430	91
33	089	67	73	913	75	13	17,057	83	53	521	91
34	156	67	74	988	75	14	140	83	54	612	91
3,35	11,223	67	3,75	14,063	75	4,15	17,223	83	4,55	20,703	91
36	290	67	76	138	75	16	306	83	56	794	91
37	357	67	77	213	75	17	389	83	57	885	91
38	424	68	78	288	76	18	472	84	58	976	92
39	492	68	79	364	76	19	556	84	59	21,068	92
3,40	11,560	68	3,80	14,440	76	4,20	17,640	84	4,60	21,160	92
41	628	68	81	516	76	21	724	84	61	252	92
42	696	69	82	592	77	22	808	85	62	344	93
43	765	69	83	669	77	23	893	85	63	437	93
44	834	69	84	746	77	24	978	85	64	530	93
3,45	11,903	69	3,85	14,823	77	4,25	18,063	85	4,65	21,623	93
46	972	69	86	900	77	26	148	85	66	716	93
47	12,041	69	87	977	77	27	233	85	67	809	93
48	110	70	88	15,054	78	28	318	86	68	902	94
49	180	70	89	132	78	29	404	86	69	996	94
3,50	12,250	70	3,90	15,210	78	4,30	18,490	86	4,70	22,090	94
51	320	70	91	288	78	31	576	86	71	184	94
52	390	71	92	366	79	32	662	87	72	278	95
53	461	71	93	445	79	33	749	87	73	373	95
54	532	71	94	524	79	34	836	87	74	468	95
3,55	12,603	71	3,95	15,603	79	4,35	18,923	87	4,75	22,563	95
56	674	71	96	682	79	36	19,010	87	76	658	95
57	745	71	97	761	79	37	097	87	77	753	95
58	816	72	98	840	80	38	184	88	78	848	96
59	888	72	99	920	80	39	272	88	79	944	96
3,60	12,960		4,00	16,000		4,40	19,360		4,80	23,040	

A. Quadrat-Tabelle. (Fortsetzung.)

4,80	23,040	96	5,20	27,040	104	5,60	31,360	112	6,00	36,000	120
81	136	96	21	144	104	61	472	112	01	120	120
82	232	97	22	248	105	62	584	113	02	240	121
83	329	97	23	353	105	63	697	113	03	361	121
84	426	97	24	458	105	64	810	113	04	482	121
4,85	23,523	97	5,25	27,563	105	5,65	31,923	113	6,05	36,603	121
86	620	97	26	668	105	66	32,036	113	06	724	121
87	717	97	27	773	105	67	149	113	07	845	121
88	814	98	28	878	106	68	262	114	08	966	122
89	912	98	29	984	106	69	376	114	09	37,088	122
4,90	24,010	98	5,30	28,090	106	5,70	32,490	114	6,10	37,210	122
91	108	98	31	196	106	71	604	114	11	332	122
92	206	99	32	302	107	72	718	115	12	454	123
93	305	99	33	409	107	73	833	115	13	577	123
94	404	99	34	516	107	74	948	115	14	700	123
4,95	24,503	99	5,35	28,623	107	5,75	33,063	115	6,15	37,823	123
96	602	99	36	730	107	76	178	115	16	946	123
97	701	99	37	837	107	77	293	115	17	38,069	123
98	800	100	38	944	108	78	408	116	18	192	124
99	900	100	39	29,052	108	79	524	116	19	316	124
5,00	25,000	100	5,40	29,160	108	5,80	33,640	116	6,20	38,440	124
01	100	100	41	268	108	81	756	116	21	564	124
02	200	101	42	376	109	82	872	117	22	688	125
03	301	101	43	485	109	83	989	117	23	813	125
04	402	101	44	594	109	84	34,106	117	24	938	125
5,05	25,503	101	5,45	29,703	109	5,85	34,223	117	6,25	39,063	125
06	604	101	46	812	109	86	340	117	26	188	125
07	705	101	47	921	109	87	457	117	27	313	125
08	806	102	48	30,030	110	88	574	118	28	438	126
09	908	102	49	140	110	89	692	118	29	564	126
5,10	26,010	102	5,50	30,250	110	5,90	34,810	118	6,30	39,690	126
11	112	102	51	360	110	91	928	118	31	816	126
12	214	103	52	470	111	92	35,046	119	32	942	127
13	317	103	53	581	111	93	165	119	33	40,069	127
14	420	103	54	692	111	94	284	119	34	196	127
5,15	26,523	103	5,55	30,803	111	5,95	35,403	119	6,35	40,323	127
16	626	103	56	914	111	96	522	119	36	450	127
17	729	103	57	31,025	111	97	641	119	37	577	127
18	832	104	58	136	112	98	760	120	38	704	128
19	936	104	59	248	112	99	880	120	39	832	128
5,20	27,040		5,60	31,360		6,00	36,000		6,40	40,960	

A. Quadrat-Tabelle. (Fortsetzung.)

6,40	40,960	128	6,80	46,240	136	7,20	51,840	144	7,60	57,760	152
41	41,088	128	81	376	136	21	984	144	61	912	152
42	216	129	82	512	137	22	52,128	145	62	58,064	153
43	345	129	83	649	137	23	273	145	63	217	153
44	474	129	84	786	137	24	418	145	64	370	153
6,45	41,603	129	6,85	46,923	137	7,25	52,563	145	7,65	58,523	153
46	732	129	86	47,060	137	26	708	145	66	676	153
47	861	129	87	197	137	27	853	145	67	829	153
48	990	130	88	334	138	28	998	146	68	982	154
49	42,120	130	89	472	138	29	53,144	146	69	59,136	154
6,50	42,250	130	6,90	47,610	138	7,30	53,290	146	7,70	59,290	154
51	380	130	91	748	138	31	436	146	71	444	154
52	510	131	92	886	139	32	582	147	72	598	155
53	641	131	93	48,025	139	33	729	147	73	753	155
54	772	131	94	164	139	34	876	147	74	908	155
6,55	42,903	131	6,95	48,303	139	7,35	54,023	147	7,75	60,063	155
56	43,034	131	96	442	139	36	170	147	76	218	155
57	165	131	97	581	139	37	317	147	77	373	155
58	296	132	98	720	140	38	464	148	78	528	156
59	428	132	99	860	140	39	612	148	79	684	156
6,60	43,560	132	7,00	49,000	140	7,40	54,760	148	7,80	60,840	156
61	692	132	01	140	140	41	908	148	81	996	156
62	824	133	02	280	141	42	55,056	149	82	61,152	157
63	957	133	03	421	141	43	205	149	83	309	157
64	44,090	133	04	562	141	44	354	149	84	466	157
6,65	44,223	133	7,05	49,703	141	7,45	55,503	149	7,85	61,623	157
66	356	133	06	844	141	46	652	149	86	780	157
67	489	133	07	985	141	47	801	149	87	937	157
68	622	134	08	50,126	142	48	950	150	88	62,094	158
69	756	134	09	268	142	49	56,100	150	89	252	158
6,70	44,890	134	7,10	50,410	142	7,50	56,250	150	7,90	62,410	158
71	45,024	134	11	552	142	51	400	150	91	568	158
72	158	135	12	694	143	52	550	151	92	726	159
73	293	135	13	837	143	53	701	151	93	885	159
74	428	135	14	980	143	54	852	151	94	63,044	159
6,75	45,563	135	7,15	51,123	143	7,55	57,003	151	7,95	63,203	159
76	698	135	16	266	143	56	154	151	96	362	159
77	833	135	17	409	143	57	305	151	97	521	159
78	968	136	18	552	144	58	456	152	98	680	160
79	46,104	136	19	696	144	59	608	152	99	840	160
6,80	46,240		7,20	51,840		7,60	57,760		8,00	64,000	

A. Quadrat-Tabelle. (Fortsetzung.)

8,00	64,000	160	8,40	70,560	168	8,80	77,440	176	9,20	84,640	184
01	160	160	41	728	168	81	616	176	21	824	184
02	320	161	42	896	169	82	792	177	22	85,008	185
03	481	161	43	71,065	169	83	969	177	23	193	185
04	642	161	44	234	169	84	78,146	177	24	378	185
8,05	64,803	161	8,45	71,403	169	8,85	78,323	177	9,25	85,563	185
06	964	161	46	572	169	86	500	177	26	748	185
07	65,125	161	47	741	169	87	677	177	27	933	185
08	286	162	48	910	170	88	854	178	28	86,118	186
09	448	162	49	72,080	170	89	79,032	178	29	304	186
8,10	65,610	162	8,50	72,250	170	8,90	79,210	178	9,30	86,490	186
11	772	162	51	420	170	91	388	178	31	676	186
12	934	163	52	590	171	92	566	179	32	862	187
13	66,097	163	53	761	171	93	745	179	33	87,049	187
14	260	163	54	932	171	94	924	179	34	236	187
8,15	66,423	163	8,55	73,103	171	8,95	80,103	179	9,35	87,423	187
16	586	163	56	274	171	96	282	179	36	610	187
17	749	163	57	445	171	97	461	179	37	797	187
18	912	164	58	616	172	98	640	180	38	984	188
19	67,076	164	59	788	172	99	820	180	39	88,172	188
8,20	67,240	164	8,60	73,960	172	9,00	81,000	180	9,40	88,360	188
21	404	164	61	74,132	172	01	180	180	41	548	188
22	568	165	62	304	173	02	360	181	42	736	189
23	733	165	63	477	173	03	541	181	43	925	189
24	898	165	64	650	173	04	722	181	44	89,114	189
8,25	68,063	165	8,65	74,823	173	9,05	81,903	181	9,45	89,303	189
26	228	165	66	996	173	06	82,084	181	46	492	189
27	393	165	67	75,169	173	07	265	181	47	681	189
28	558	166	68	342	174	08	446	182	48	870	190
29	724	166	69	516	174	09	628	182	49	90,060	190
8,30	68,890	166	8,70	75,690	174	9,10	82,810	182	9,50	90,250	190
31	69,056	166	71	864	174	11	992	182	51	440	190
32	222	167	72	76,038	175	12	83,174	183	52	630	191
33	389	167	73	213	175	13	357	183	53	821	191
34	556	167	74	388	175	14	540	183	54	91,012	191
8,35	69,723	167	8,75	76,563	175	9,15	83,723	183	9,55	91,203	191
36	890	167	76	738	175	16	906	183	56	394	191
37	70,057	167	77	913	175	17	84,089	183	57	585	191
38	224	168	78	77,088	176	18	272	184	58	776	192
39	392	168	79	264	176	19	456	184	59	968	192
8,40	70,560		8,80	77,440		9,20	84,640		9,60	92,160	

A. Quadrat-Tabelle. (Schluß.)

9,60	92,160	192	10,00	100,000	200	10,40	108,160	208	10,80	116,640	216
61	352	192	01	200	200	41	368	208	81	856	216
62	544	193	02	400	201	42	576	209	82	117,072	217
63	737	193	03	601	201	43	785	209	83	289	217
64	930	193	04	802	201	44	994	209	84	506	217
9,65	93,123	193	10,05	101,003	201	10,45	109,203	209	10,85	117,723	217
66	316	193	06	204	201	46	412	209	86	940	217
67	509	193	07	405	201	47	621	209	87	118,157	217
68	702	194	08	606	202	48	830	210	88	374	218
69	896	194	09	808	202	49	110,040	210	89	592	218
9,70	94,090	194	10,10	102,010	202	10,50	110,250	210	10,90	118,810	218
71	284	194	11	212	202	51	460	210	91	119,028	218
72	478	195	12	414	203	52	670	211	92	246	219
73	673	195	13	617	203	53	881	211	93	465	219
74	868	195	14	820	203	54	111,092	211	94	684	219
9,75	95,063	195	10,15	103,023	203	10,55	111,303	211	10,95	119,903	219
76	258	195	16	226	203	56	514	211	96	120,122	219
77	453	195	17	429	203	57	725	211	97	341	219
78	648	196	18	632	204	58	936	212	98	560	220
79	844	196	19	836	204	59	112,148	212	99	780	220
9,80	96,040	196	10,20	104,040	204	10,60	112,360	212	11,00	121,000	220
81	236	196	21	244	204	61	572	212	01	220	220
82	432	197	22	448	205	62	784	213	02	440	221
83	629	197	23	653	205	63	997	213	03	661	221
84	826	197	24	858	205	64	113,210	213	04	882	221
9,85	97,023	197	10,25	105,063	205	10,65	113,423	213	11,05	122,103	221
86	220	197	26	268	205	66	636	213	06	324	221
87	417	197	27	473	205	67	849	213	07	545	221
88	614	198	28	678	206	68	114,062	214	08	766	222
89	812	198	29	884	206	69	276	214	09	988	222
9,90	98,010	198	10,30	106,090	206	10,70	114,490	214	11,10	123,210	222
91	208	198	31	296	206	71	704	214	11	432	222
92	406	199	32	502	207	72	918	215	12	654	223
93	605	199	33	709	207	73	115,133	215	13	877	223
94	804	199	34	916	207	74	348	215	14	124,100	223
9,95	99,003	199	10,35	107,123	207	10,75	115,563	215	11,15	124,323	223
96	202	199	36	330	207	76	778	215	16	546	223
97	401	199	37	537	207	77	993	215	17	769	223
98	600	200	38	744	208	78	116,208	216	18	992	224
99	800	200	39	952	208	79	424	216	19	125,216	224
10,00	100,000		10,40	108,160		10,80	116,640		11,20	125,440	

Anhang B (zu § 26).

Relative Wahrscheinlichkeit der verschiedenen Fehler und Wahrscheinlichkeit, dafs dieselben nicht überschritten werden.

x	y	$\int y\,dx$		x	y	$\int y\,dx$		x	y	$\int y\,dx$
0,0	0,269083	0,000000		2,5	0,064932	0,908247		5,0	0,000912	0,999255
0,1	268471	053776		2,6	057820	920513		5,1	000725	999418
0,2	266645	107308		2,7	051253	931411		5,2	000574	999547
0,3	263630	160355		2,8	045226	941050		5,3	000452	999649
0,4	259465	212683		2,9	039726	949536		5,4	000354	999729
0,5	0,254207	0,264068		3,0	0,034737	0,956974		5,5	0,000276	0,999792
0,6	247926	314298		3,1	030236	963463		5,6	000215	999841
0,7	240702	363176		3,2	026199	969099		5,7	000166	999879
0,8	232627	410522		3,3	022599	973972		5,8	000128	999908
0,9	223804	456176		3,4	019404	978166		5,9	000098	999931
1,0	0,214337	0,500000		3,5	0,016586	0,981759		6,0	0,000075	0,999948
1,1	204339	541875		3,6	014112	984823		6,1	000057	999961
1,2	193923	581707		3,7	011953	987425		6,2	000043	999971
1,3	183203	619424		3,8	010078	989624		6,3	000032	999978
1,4	172290	654976		3,9	008459	991474		6,4	000024	999984
1,5	0,161292	0,688335		4,0	0,007068	0,993023		6,5	0,000018	0,999988
1,6	150310	719494		4,1	005878	994314		6,6	000013	999991
1,7	139440	748466		4,2	004867	995386		6,7	000010	999993
1,8	128769	775283		4,3	004011	996272		6,8	000007	999995
1,9	118375	799992		4,4	003291	997000		6,9	000005	999996
2,0	0,108326	0,822656		4,5	0,002688	0,997596		7,0	0,000004	0,999997
2,1	098680	843349		4,6	002185	998082		7,1	000003	999998
2,2	089485	862158		4,7	001769	998476		7,2	000002	999998
2,3	080778	879176		4,8	001425	998794		7,3	000001	999999
2,4	072588	894504		4,9	001143	999050		7,4	000001	999999
2,5	0,064932	0,908247		5,0	0,000912	0,999255		7,5	0,000000	0,999999
								7,6	000000	1,000000

Anhang C (zu § 32).

Wahrscheinlichkeit der Ueberschreitung bestimmter positiver Fehlergrenzen.

x	W		x	W		x	$W,$
0,0	0,500000		2,5	0,045876		5,0	0,000372
0,1	473112		2,6	039744		5,1	000291
0,2	446346		2,7	034294		5,2	000226
0,3	419822		2,8	029475		5,3	000176
0,4	393658		2,9	025232		5,4	000135
0,5	0,367966		3,0	0,021513		5,5	0,000104
0,6	342851		3,1	018269		5,6	000079
0,7	318412		3,2	015450		5,7	000061
0,8	294739		3,3	013014		5,8	000046
0,9	271912		3,4	010917		5,9	000035
1,0	0,250000		3,5	0,009121		6,0	0,000026
1,1	229062		3,6	007588		6,1	000019
1,2	209147		3,7	006287		6,2	000014
1,3	190288		3,8	005188		6,3	000011
1,4	172512		3,9	004263		6,4	000008
1,5	0,155832		4,0	0,003489		6,5	0,000006
1,6	140253		4,1	002843		6,6	000004
1,7	125767		4,2	002307		6,7	000003
1,8	112358		4,3	001864		6,8	000002
1,9	100004		4,4	001500		6,9	000002
2,0	0,088672		4,5	0,001202		7,0	0,000001
2,1	078326		4,6	000959		7,1	000001
2,2	068921		4,7	000762		7,2	000001
2,3	060412		4,8	000603		7,3	000000
2,4	052748		4,9	000475			
2,5	0,045876		5,0	0,000372